NATIONAL GEOGRAPHIC

WILDE TIERE
IN DEUTSCHLAND

Fotos Dietmar Nill
Text Monika Rößiger

INHALT

NORDWESTEN
IM REICH DER ROBBEN
SEITE 20

NORDOSTEN
WO DIE KRANICHE ZIEHEN
SEITE 50

MITTE
DIE RÜCKKEHR DER WÖLFE
SEITE 88

ANDREAS KIELING
VORWORT
SEITE 16

EULEN
AUF LEISEN SCHWINGEN
SEITE 82

FÜCHSE
OHNE LIST UND TÜCKE
SEITE 118

Seiten 2/3: In Deutschland begannen sich die Waschbären am hessischen Edersee auszubreiten. In den 30er-Jahren wurden dort zwei Paare ausgesetzt.
Seiten 4/5: Der Laubfrosch wird 3 bis 4,5 Zentimeter lang. Meistens ist er perfekt getarnt.
Seiten 6/7: Bei den Teichhühnern sind es die Weibchen, die während der Balz um einen Partner kämpfen. Wer gewinnt, wählt ein Männchen aus.
Seiten 8/9: Der Wolf ist zurück in Deutschland. In der Lausitz leben wieder elf Rudel.
Seiten 10/11: Kegelrobben vor Helgoland – sie sind Deutschlands größte Raubtiere.
Seiten 12/13: Tagpfauenaugen sind gut an den schwarz, blau und gelb gefärbten Augenflecken zu erkennen.

WESTEN
RÄUBER DER LÜFTE
SEITE 124

FLEDERMÄUSE
PER ULTRASCHALL DURCH DIE NACHT
SEITE 156

SÜDWESTEN
WO REH UND MARDER WOHNEN
SEITE 164

SCHMETTERLINGE
ZERBRECHLICHE SCHÖNHEIT
SEITE 196

SÜDOSTEN
AKROBATEN IM HOCHGEBIRGE
SEITE 204

REGISTER
SEITE 236

ÜBERSICHTSKARTE
SEITE 239

IMPRESSUM
SEITE 240

ANDREAS KIELING
VORWORT

Vom Umschlag dieses Buches blickt Sie ein Seeadler an, der größte Greifvogel Deutschlands, der „König der Lüfte". Das freut mich aus zwei Gründen: weil es in Deutschland inzwischen wieder gut 700 Brutpaare gibt, nachdem der Seeadler bei uns schon fast ausgestorben war – das ist eine unglaubliche Erfolgsgeschichte! Und es erinnert mich daran, wie ich während meines Wandersommers 2009 am Schaalsee einen Seeadler fotografiert habe. Nur zehn Meter von unserem Boot entfernt fuhr er seine riesigen Fänge aus, schnappte sich einen Fisch und flog zu einer Eiche, wo er sich über seine Beute hermachte. So ein Schauspiel vergisst man nicht.

Später habe ich mehrmals versucht, Seeadler in ähnlichen Situationen zu filmen. Daraus wurde allmählich eine fast verzweifelte Suche nach der perfekten Seeadleraufnahme. Ich habe es im Winter und im Sommer probiert, und nie hat es so geklappt, wie ich es mir vorgestellt hatte. Deshalb bewundere ich Dietmar Nill, der diesen majestätischen Vogel schon häufig in Perfektion fotografiert hat.

Zum ersten Mal fielen mir seine Fotos vor 20 Jahren auf. Es waren Aufnahmen von hoher Aussagekraft. Einige Jahre später besuchte ich ihn in einer Naturschutzstation auf der Schwäbischen Alb. Dort pflegte er verletzte Tiere wieder gesund, was mich sehr beeindruckt hat. Dass er seit seiner Kindheit im

Eine Schönheit mit Pinselohren – der Luchs. Über den Böhmerwald ist er in den Bayerischen Wald zurückgekehrt.

Naturschutz aktiv ist, sagt viel über ihn. Denn als Tierfotograf braucht man ein Höchstmaß an Sensibilität, Geduld und Wissen. Nur wer mit Tieren sehr vertraut ist, kann so wunderbare Bilder machen.

In der Naturfotografie ist handwerkliches Können alles. Dietmar Nill beherrscht sein Handwerk perfekt. Er weiß außerdem: Ein Tier zu fotografieren heißt zum größten Teil, zur richtigen Zeit am richtigen Ort zu sein und einen langen Atem zu besitzen. Mit diesen Eigenschaften hat er sich auch als Dokumentarfilmer in kürzester Zeit einen Namen gemacht. Sein neuester Film mit dem Titel „Fledermäuse – Warte bis es dunkel wird" setzt selbst international Maßstäbe.

Dietmar Nill erinnert uns daran, dass die Orte, an denen man Luchse oder Kraniche beobachten kann, manchmal nicht weit von der eigenen Haustür entfernt liegen – Deutschland ist Kulturlandschaft und Wildnis zugleich, mit grandiosen Naturräumen vom Wattenmeer über die Mittelgebirge bis zu den Alpen. Wer unsere Wildnis erleben möchte, muss nur lernen, auf die Sensationen am Wegesrand zu achten. Es muss nicht immer das perfekte Seeadlerbild dabei herauskommen.

Die Beutelmeise bevorzugt Uferlandschaften. Dort baut das Männchen mehrere runde Nester an herabhängenden Zweigen nah am Wasser, bestehend aus Spinnweben und Pflanzenfasern. Das Weibchen sucht sich am Ende ein Nest aus.

NORDWESTEN
IM REICH DER ROBBEN

Vor dem Strand der kleinen Insel Düne bei Helgoland tollen zwei junge Kegelrobben im Meer. Sie spielen Fangen. Die Köpfe über Wasser, blicken sie sich abschätzend an, nur zwei Handbreit voneinander entfernt. Plötzlich stiebt eine der beiden davon und die andere hinterher. Sobald sie die Erste eingeholt hat, balgen sie sich ein wenig, bis das Spiel von Neuem beginnt – mit getauschten Rollen. «Die Jungtiere sind etwa zwei Jahre alt», sagt Rolf Blädel. «In dem Alter sind Kegelrobben noch sehr verspielt.» Blädel, einer der beiden amtlichen Seehundjäger auf Helgoland, ist auf seinem morgendlichen Rundgang. Seehunde werden nicht mehr gejagt, weil sie unter Schutz stehen. Heutzutage sind die Jäger für die Hege der Tiere zuständig und überzeugen sich persönlich davon, dass es ihnen gut geht. «Und neugierig sind die Kegelrobben!», fährt Blädel fort. «Manchmal zupfen sie sogar an den Flossen schnorchelnder Badegäste. Aber eines darf man nicht vergessen, vor allem bei ausgewachsenen Robben: Es sind Raubtiere! Vorn mit 32 spitzen Argumenten bewaffnet, sich unbedingt von ihnen fernzuhalten.»

Auch das Gewicht dieser Raubtiere ist beeindruckend: Bis zu 300 Kilogramm bringt ein Kegelrobben-Bulle auf die Waage. Mehr als ein Braunbär. Damit sind Kegelrobben die größten Raubtiere, die es in Deutschland gibt. Und dass sie, ungeachtet ihrer so phlegmatisch wirkenden Masse, auch wild sein können, zeigt sich spätestens zur Paarungszeit. Während der Rivalenkämpfe dreschen die Bullen aufeinander ein und schrecken dabei auch nicht vor dem Einsatz ihrer „spitzen Argumente" zurück. «Die hauen sich gegenseitig die Zähne in den Nackenspeck, bis Blut fließt», sagt Blädel und fügt spöttisch hinzu: «Jeder Bulle, der was auf sich hält, trägt einen Kragen aus Blut und Sand.» Die Wunden verheilen. Zurück bleiben Narben, die Inselbesuchern auch außerhalb der Paarungszeit eine Ahnung davon vermitteln, wie wüst es bei solchen Kämpfen zugeht.

Die imposanten Meeressäuger können hervorragend schwimmen und tauchen. Männchen sind nicht nur größer und schwerer als Weibchen, sie unterscheiden sich auch in der Farbe ihres Pelzes: Bei den Bullen ist er dunkel mit hellen Flecken, bei den Weibchen dagegen hell mit dunklen Flecken. Wenn die Tiere so an steinigen Stränden oder zwischen felsigen Klippen lagern, sind sie ziemlich gut getarnt. Einer Robbe beim Schwimmen zuzusehen ist die reine Freude. Elegant und wendig pflügt sie durchs Meer. Doch sobald sie das Wasser verlässt, wirkt sie plötzlich behäbig. Ihre Gliedmaßen sind ans Schwimmen angepasst und nicht ans Laufen. Trotzdem kommen die Meeressäuger regelmäßig an Land, um sich auszuruhen und ein Sonnenbad zu nehmen.

Die Jungen kommen im Winter mit weißem, flauschigem Fell zur Welt. Es ist noch nicht wasserabweisend, deshalb können sie erst mal nicht ins Meer, sonst würden sie erfrieren. Während die Mutter auf Fischfang geht, liegen die Jungen manchmal stundenlang allein am Strand. Drei bis vier Wochen lang werden sie gesäugt. Da die Milch sehr fettreich ist, nehmen Robbenbabys täglich eineinhalb bis zwei Kilogramm zu. Das ist auch notwendig, weil sie nach Ende der Säugezeit auf sich allein gestellt sind. Dann nämlich beginnt der Fellwechsel, und sie zehren nur noch von ihren Fettreserven. Nach etwa drei Wochen traut sich das Junge zum ersten Mal selbst in die kalten Fluten der Nordsee.

Seitdem das erste Kegelrobben-Junge auf der Helgoländer Düne zur Welt kam, ist die Zahl der Geburten von Jahr zu Jahr gestiegen. Das berichtet der Verein Jordsand, der sich gemeinsam mit Rolf Blädel um den Schutz der Robbenkolonie kümmert. In der Saison 2010/2011 wurden erstmals mehr als 100 Kegelrobben auf der Düne geboren. Nirgendwo in Deutschland kann man Robben in freier Wildbahn so nah kommen wie dort – bis auf 30 Meter, die als Sicherheitsabstand unbedingt eingehalten werden müssen.

Das zweite Aufzuchtgebiet für Kegelrobben hierzulande liegt im Wattenmeer, auf einer kleinen Sandbank vor Amrum. Die aber ist für Menschen gesperrt. Das Wattenmeer ist das vogelreichste Gebiet Europas und Deutsch-

So niedlich eine Robbe auch aussehen mag – mit spitzen Zähnen weiß sie sich zur Wehr zu setzen, falls man ihr zu nahekommt.

Folgende Seiten: Das Wattenmeer ist ein bedeutender Lebensraum für viele Arten von Tieren und Pflanzen, die sich dem ständigen Wechsel von Ebbe und Flut angepasst haben.

Oben: Eine Kegelrobbe ruht sich am Strand der kleinen Insel Düne aus, der Schwesterinsel von Helgoland.

Mitte: Robben wirken an Land etwas träge und behäbig. Im Wasser dagegen bewegen sie sich pfeilschnell fort. Ihre Barthaare bilden ein höchst sensibles Tastorgan, mit dessen Hilfe sie ihre Beute auch im trüben Wasser orten und verfolgen können.

Unten: Auf der Insel Düne bringen die Kegelrobben im Winter ihre Jungen zur Welt. Von November bis Januar dienen die Strände als Kinderstube, wo die Tiere ihren Nachwuchs säugen.

Austernfischer sind allgegenwärtig im Wattenmeer. Auf der Suche nach Wattwürmern, Muscheln oder Schnecken trippeln sie am Strand entlang.

Folgende Seiten: Das flauschige weiße Fell der Robbenbabys ist nicht wasserabweisend. Deshalb können sie erst nach dem Fellwechsel ins Meer; vorher halten sie sich nur am Strand auf.

lands bedeutendster Naturraum. Das Ökosystem besteht nicht nur aus Meer und Watt, auch die Salzwiesen gehören dazu, die Dünen und Flussmündungen sowie die Höhenzüge der Geest (Geestkliffs genannt). Dieses vielgestaltige Mosaik verschiedener Lebensräume, das zum Unesco-Weltnaturerbe gehört, umfasst eine Fläche von fast 10 000 Quadratkilometern. An der Nordseeküste erstreckt es sich über eine Länge von gut 400 Kilometern, von Dänemark über Deutschland bis in die Niederlande. Mehr als 10 000 Arten leben hier: Wattwürmer, Muscheln und Schnecken, Krabben und Krebse, Wat- und Seevögel. Und natürlich Fische, Robben und der Schweinswal.

Das Wattenmeer ist einzigartig. Zweimal täglich fällt es trocken, zweimal täglich wird es wieder überflutet. Ständig ändert es sein Gesicht. Wer hier lebt, muss besonders flexibel sein. Nicht nur im Meer, auch an Land: Hier gibt es Pflanzen wie den Strandhafer mit seinen fuchsschwanzartigen Ähren, die der Wind immer wieder mit Sand bedeckt. Tagein, tagaus trotzt die Dünenflora jedoch der Brise und hält den „Kopf oben". Ihre kräftigen Sprosse wachsen durch den Sand hindurch. Gegen den Wind wappnen sich die Pflanzen mit tiefen Pfahlwurzeln oder weit verzweigten Ausläufern. Dadurch festigen sie zugleich die Dünen, die für Menschen ein natürlicher Flutschutz sind. Hinter den Schutzwällen liegen die Salzwiesen, deren Vegetation sich nicht nur vom Wind zausen lässt, sondern sich auch mit Salzwasser begnügen muss – für viele andere Pflanzen wäre das der sichere Tod. Spezialisten wie der Queller überleben trotzdem. Mithilfe von Härchen oder Drüsen scheiden solche Pflanzen das überschüssige Salz wieder aus. Auch im Meer gibt es Spezialisten, zum Beispiel die Flunder, die mit wechselnden Salzgehalten gut fertig wird. Sie bevorzugt Flussmündungen wie die der Elbe, wo das Wasser je nach Gezeiten und Strömung mal „süßer", mal „salziger" ist. Die Strandschnecke, die in der Spritzwasserzone lebt, ist vor allem an den Wechsel zwischen „nass" und „trocken" angepasst: Bei Ebbe zieht sie sich in ihr Häuschen zurück und verschließt es. Bei Flut kommt sie wieder heraus.

Geologisch betrachtet ist das Wattenmeer ein sehr junger Lebensraum. Seine Entwicklung begann zum Ende der letzten Eiszeit, vor 10 000 bis 12 000 Jahren. Wind und Wellen formen es immer wieder um. Das erleben nicht nur die Bewohner der Region, auch Besucher werden Zeuge einer die Landschaft gestaltenden natürlichen Dynamik. Im Zusammenspiel von Ebbe und Flut, Land und Meer, Süß- und Salzwasser hat sich einer der vielfältigsten Lebensräume der Erde entwickelt. Das zieht viele Gäste aus dem Tierreich an.

Zehn bis zwölf Millionen Vögel pro Jahr legen im Wattenmeer einen Zwischenstopp ein. Hier rasten und ruhen sie, hier schöpfen sie Kraft. Für Zugvögel ist das graubraune Watt, das auf manche Menschen zunächst unattraktiv wirkt, eine prall gefüllte Speisekammer. Unter dem unscheinbar wirkenden Schlick wimmelt es nur so von Leben. Die gekringelten Wurmhäufchen geben eine Ahnung davon. Der Austernfischer, der weiß, was sich darunter verbirgt, stochert mit spitzem Schnabel nach Beute. Mit etwas Glück

Mit kühnem Blick – der Seeadler ist der größte einheimische Greifvogel. Die Weibchen erreichen eine Spannweite von bis zu zweieinhalb Metern.

Folgende Seiten: Mit vorgestreckten Füßen stürzt sich der Seeadler auf seine im Wasser lebende Beute. Selbst große Fische ergreift er mit seinen kräftigen Krallen mühelos.

Eine Ringelnatter hat einen Grasfrosch erbeutet und schlingt ihn Stück für Stück hinunter. Sie ernährt sich hauptsächlich von Fröschen und Kröten, verschmäht aber auch kleine Säugetiere, Fische und Vögel nicht. Für den Menschen ist das Reptil vollkommen ungefährlich.

Vorige Seiten: Eine typisch norddeutsche Landschaft im Nebel.

Ein Weißstorch stochert im Wasser nach Nahrung.
Er frisst alles Mögliche, ob Fisch oder Frosch, Maus oder
Regenwurm, Insekt oder auch Aas.

zieht er einen 40 Zentimeter langen, rotbraunen Wattwurm hervor. Unverkennbar sind die schrillen Pfiffe und Triller des schwarz-weißen Vogels, der wegen seines langen roten Schnabels auch Halligstorch genannt wird. Muscheln frisst er ebenfalls und ist darin äußerst geschickt: Nur wenige Sekunden braucht er, um ihre Schalen aufzubrechen und das nahrhafte Fleisch herunterzuschlucken.

Der häufigste Zugvogel im Wattenmeer ist der Alpenstrandläufer. Mehr als eine Million von ihnen lassen sich hier die Würmer, Schnecken und Krebse schmecken. Wenn sie nicht gerade übers Watt trippeln und dabei ihre typische „Nähmaschinenspur" hinterlassen, sieht man sie als dunkle Wolken am Horizont beeindruckende Flugmanöver absolvieren. Zweimal jährlich sind die Vögel auf der Durchreise: im Frühjahr auf dem Weg in ihre Brutgebiete in der arktischen Tundra und im Herbst, wenn sie zum Überwintern an die Atlantikküste zurückkehren, von Irland über Frankreich bis nach Mauretanien.

Ebenfalls im Herbst treffen die Pfeifenten im Wattenmeer ein, um hier zu überwintern. Eine halbe Million Tiere ist dann zu Gast, etwa ein Drittel der weltweiten Population. Als Vegetarier ernähren sie sich anfangs von Seegras und Grünalgen; im Winter gehen sie auch an Land und fressen Gras oder das, was sie noch auf den Äckern vorfinden. Da Gras schlecht verdaulich ist und nur einen geringen Nährwert besitzt, futtern die Tiere bis zu 15 Stunden am Tag. Ihre Raubfeinde sind Falken und Möwen. Und Jäger: Pfeifenten gelten als jagdbares Wild.

Nicht nur Wattenmeer und Küste prägen den Norden, auch Seen und Flüsse, Heide und Moor, Wiesen und Wälder. In der Dämmerung und in der Nacht sucht dort der Iltis nach Nahrung. Der Marderverwandte stöbert nach Mäusen und Ratten, Fröschen, Regenwürmern und Vögeln. Tagsüber verbirgt er sich unter der Erde, entweder in einer selbst gegrabenen Höhle oder im verlassenen Bau eines anderen Tieres. Im Frühling, zwischen März und Mai, paaren sich die ansonsten als Einzelgänger lebenden Iltisse. Nach sechs Wochen bringt die Fähe drei bis acht Junge zur Welt. Sie haben einen schneeweißen Pelz und sind zunächst blind. Im Alter von zwei Monaten beginnen sie, mit ihrer Mutter die Umgebung zu erkunden. Die kleinen Raubtiere müssen achtgeben, dass sie nicht selbst zur Beute werden. Ihre natürlichen Feinde sind Adler, Uhu, Fuchs und in der Nähe von menschlichen Siedlungen sogar Katzen.

Das wasserreiche Gebiet der schleswig-holsteinischen Seenplatte ist ein Paradies für viele Tiere, vor allem für Wasser- und Röhrichtvögel. Hier lebt auch der Seeadler, der größte einheimische Greifvogel. Mit ausgebreiteten Schwingen erreicht das Weibchen, das größer und schwerer als das Männchen ist, bis zu zweieinhalb Meter Spannweite. Um an seine bevorzugte Speise, Fisch, zu kommen, sitzt ein Seeadler mit stoischer Geduld hoch oben in einem Baum (oder einer anderen Warte) und blickt auf den See. Das kann Stunden dauern. Wenn er einen Fisch, eine Ente oder ein anderes geeignetes

Damhirsche wurden in zahlreichen Regionen Europas im 17. und 18. Jahrhundert als Jagdwild eingeführt. Eigentlich stammen die Tiere aus Vorderasien.

Folgende Seiten: Gut getarnt lugt ein Wasserfrosch zwischen Wasserlinsen hervor. Bekannt für sein lautstarkes Quaken, gehört er zu den am häufigsten vorkommenden Amphibien in Deutschland.

Beutetier erspäht, stößt er im Sturzflug auf das Tier herab und ergreift es mit vorgestreckten Füßen. Zwischen seinen kräftigen Krallen flutscht nicht mal ein glitschiger Fisch hindurch.

Das Jagdgebiet eines Seeadlers ist in Norddeutschland durchschnittlich 60 Quadratkilometer groß, im Winter noch größer, berichtet die Projektgruppe Seeadlerschutz Schleswig-Holstein. Die majestätischen Greife waren beinahe ausgestorben. Ende der 70er-Jahre gab es in Schleswig-Holstein nur noch vier Brutpaare, die kaum Nachwuchs hatten. Erst nach dem Verbot des Insektengiftes DDT und nach intensiver Bewachung der Horste durch Naturschützer konnte sich der Seeadler wieder vermehren. Ein ähnliches Schicksal erlebte der Storch, dessen Bestandszahlen bis Mitte der 80er-Jahre drastisch gesunken waren. Heute brüten mehr als 200 Paare im nördlichsten Bundesland; auch das ist nur dem engagierten Einsatz von Wissenschaftlern und Umweltschützern zu verdanken.

«Der Bestand ist zwar stabil, aber auf niedrigem Niveau», resümiert die schleswig-holsteinische Gruppe des Naturschutzbundes Deutschland (NABU), der seit Jahrzehnten im Storchenschutz aktiv ist. Da einige Tiere mit Sendern ausgestattet wurden, können Interessierte das Leben der Vögel sogar im Internet verfolgen. Dort findet man dann Geschichten wie jene von einem Storch aus dem Kreis Plön, der im Herbst 2006 zum ersten Mal gen Süden gezogen war. In dem spanischen Dorf Bañón zwischen Madrid und Barcelona hatte er sich mit 93 Artgenossen zur Nachtruhe begeben. Am nächsten Morgen flogen die Tiere weiter, doch zwei von ihnen verunglückten kurz darauf an einer Stromleitung. Einer war sofort tot – der andere, der Jungstorch aus Plön, verletzt. Er wurde von spanischen Naturschützern entdeckt, die ihn in ein Wildtierzentrum brachten. Dort pflegte man ihn gesund. Nach 17 Tagen ließ man den Vogel im Ebrodelta frei, wo er schnell Anschluss an eine rastende Storchengruppe fand. Seine ursprünglichen Reisekameraden waren natürlich längst weitergezogen. Dank der Beringung und der internationalen Vernetzung von Ornithologen konnte das Schicksal des „norddeutschen" Adebars in Spanien an die Vogelwarte Helgoland übermittelt werden.

Die Herbst-Mosaikjungfer schillert blau, gelb und grün. Auffällig bei dieser Libellenart ist die Zeichnung zwischen den Flügeln, die wie ein T oder ein Dreieck aussieht.

Augen und Ohren der Gelbhalsmaus sind relativ groß. Ihr Name geht auf die meist gelblich braune Brustzeichnung zurück. Die Tiere bevorzugen von Buchen und Eichen dominierte Laubwälder.

Der Iltis ist verwandt mit dem Marder und bewohnt Wälder, Wiesen oder Feuchtgebiete. Im Schutz dichter Vegetation stöbert er nach Mäusen, Ratten, Fröschen oder Regenwürmern.

Folgende Seiten: Im Herbst treffen Pfeifenten im Wattenmeer ein, um hier zu überwintern. Anfangs ernähren sie sich von Seegras und Grünalgen, im Winter gehen sie auch an Land und fressen Gras.

Seiten 48/49: Basstölpel im Flug über Helgoland. Auf dem Oberland der roten Felseninsel lebt eine Kolonie dieser auffallend schönen Vögel. Mit ihren schwarz umrahmten blauen Augen wirken sie wie geschminkt.

NORDOSTEN

WO DIE KRANICHE ZIEHEN

Lautes Trompeten erfüllt die Luft, wenn die Kraniche im Frühjahr aus ihren Winterquartieren in Spanien und Frankreich zurückkehren. Während ihrer langen Reise rasten sie erst in der Diepholzer Niederung in Niedersachsen und dann im Nationalpark Vorpommersche Boddenlandschaft, um auf Stoppelfeldern nach Nahrung zu suchen. Damit die hungrigen Vögel sich nicht über die Aussaat hermachen, hat man „Ablenkfütterungsflächen" mit Futterweizen eingerichtet. Während der Rast zeigen die Kraniche auch ihre bezaubernden Balztänze, mit denen sie sich auf die Brut einstimmen. Diese Tänze, die sie meist am frühen Morgen und gern bei Sonnenschein aufführen, sind ein beeindruckendes Naturschauspiel. «Manchmal fangen Dutzende der stattlichen grauen Vögel gemeinsam an zu tanzen. Wie bei einem Ballett», hat Günter Nowald beobachtet, der das Kranich-Informationszentrum von NABU und WWF in Groß-Mohrdorf bei Stralsund leitet. «Sie hüpfen umher, schlagen mit den Flügeln, verbeugen sich. Sie laufen im Zickzack oder im Kreis und imponieren einander, indem sie Steine oder Pflanzenbüschel in die Luft werfen.»

Über die Ostsee ziehen sie weiter nach Skandinavien, in ihre Brutgebiete; im Herbst kehren sie über die Ostsee zurück. Der Frühjahrszug der Kraniche vollzieht sich schneller als der Herbstzug, bei dem die Vögel wochenlange Zwischenstopps zum Rasten einlegen. Pro Tag legen sie mehrere Hundert Kilometer zurück. «In Deutschland hat sich der Kranichbestand innerhalb von zehn Jahren auf mehr als 7000 Brutpaare verdoppelt», sagt der Biologe Nowald. «Davon leben 3000 Kranichpaare in Mecklenburg-Vorpommern und 2400 in Brandenburg.» Rund um den kleinen brandenburgischen Ort Linum befindet sich einer der größten Kranich-Rastplätze Europas.

Der Höhepunkt der Herbstrast wird am Bodden in der ersten Oktoberhälfte erwartet. Im Jahr 2011 waren es bis zu 50 000 Kraniche. Auf den Äckern, oft auf solchen mit abgeerntetem Mais, finden die Tiere nach ihrer anstrengenden Reise über das Meer ausreichend Nahrung. «Die in Skandinavien gestarteten Zugvögel harren so lange an ihren Rastplätzen aus, bis der richtige Reisewind einsetzt. Für ihren langen Weg in Richtung Spanien und Portugal bevorzugen die relativ schweren Vögel Rückenwind, also möglichst aus Nordosten», erläutert NABU-Vogelschutzexperte Markus Nipkow.

Im anfangs milden Winter 2011/2012 wurden im Norden und Nordosten Deutschlands noch in der dritten Januarwoche rund 15 000 Kraniche gezählt, die hier überwinterten. Mehr als 10 000 in Niedersachsen, rund 2000 in Brandenburg sowie jeweils etwa 1000 in Mecklenburg-Vorpommern und Thüringen. Nach einem plötzlichen Kälteeinbruch Anfang Februar 2012 machten sich viele Kraniche dann doch noch auf den Weg nach Süden und Südwesten. «Diese Vögel haben sozusagen „last minute" die Winterflucht nach Frankreich angetreten», erklärt Günter Nowald. «Die Kälte ist ein wesentlicher Zugauslöser. Außerdem wurde die Winterflucht durch eine nordöstliche Strömung unterstützt.»

Mit mehr als 2000 Seen ist Mecklenburg-Vorpommern das wasserreichste Bundesland. Die Mecklenburger Seenplatte ist von Gewässern durchsetzt wie ein Schweizer Käse von Löchern. Hier liegt die Müritz, mit einer Fläche von 117 Quadratkilometern der größte See in Norddeutschland und nach dem Bodensee sogar der zweitgrößte unseres Landes. Ein zwölf Kilometer langer Streifen am Ostufer gehört zum Müritz-Nationalpark, der sich auf halber Strecke zwischen Berlin und Rostock befindet. Er umfasst mehr als 100 Seen, die größer als ein Hektar sind. Kiefernwälder und große Moorgebiete kennzeichnen ihn ebenso wie eine hügelige Landschaft mit alten Buchenwäldern in der Umgebung von Serrahn – eine Waldwildnis, die auch Seen und Moore einschließt und dadurch einen ganz eigenen Reiz entfaltet. Vor allem im Mai, wenn das Laub zartgrün sprießt, oder im Herbst, wenn sich die Blätter gelborange färben. Die in der Sonne glitzernden Seen strahlen Ruhe und Tiefe aus. Die Moore künden von der Ewigkeit, sie speichern Kohlenstoff und Nährstoffe über Jahrhunderte oder Jahrtausende. In ihnen sind die Stoffkreisläufe außer Kraft gesetzt. Das macht sie so wertvoll, nicht

Graureiher siedeln an Seen, Teichen und Flüssen, deren Ufer nicht allzu dicht bewachsen sind. Weibchen und Männchen sind am Gefieder kaum zu unterscheiden.

Folgende Seiten: Zu Tausenden versammeln sich die „Vögel des Glücks", wie man die Kraniche auch nennt, im Frühjahr und Herbst in der Rügen-Bock-Region. Die Boddenlandschaft ist einer der wichtigsten Kranich-Rastplätze in Europa.

Der scheue Fischotter siedelt an sauberen, fischreichen Gewässern mit dichter Ufervegetation.

Rechte Seite: Vielleicht hat er einen toten Fisch entdeckt? Der Schwarzmilan ernährt sich überwiegend von kranken, verletzten oder toten Tieren. So trägt er auch zur Reinhaltung von Gewässern bei – wie hier in der Feldberger Seenlandschaft.

nur für die Pflanzen und Tiere, die sich auf sie spezialisiert haben. Dazu zählen Sumpfporst und Wollgräser, deren weiße Flocken im Frühsommer die braungrünen Flächen wie mit Wattebäuschen getupft erscheinen lassen. Oder die Moorfrösche, bei denen sich die Männchen zur Balzzeit blau färben und aus den Tümpeln mit glucksendem «uog-uog-uog» nach einem Weibchen rufen.

Wo es so viel Wasser gibt, fühlen sich auch See- und Fischadler wohl. Mit ausgebreiteten Schwingen kreisen sie am Himmel, im Sturzflug ergreifen sie ihre Beute. Der Fischadler ernährt sich ausschließlich von lebenden Fischen, der Seeadler auch von Wasservögeln, Säugetieren und Aas. Während der Fischadler als Zugvogel hier von März bis Oktober sein Brutgebiet hat, bleibt der Seeadler das ganze Jahr über in seinem Revier. Seine Horste liegen versteckt in dichten Wäldern, auf hohen, alten Bäumen. Der Fischadler legt seinen Horst inzwischen auch auf Hochspannungsmasten an. Neben so einem Horst haben Mitarbeiter des Nationalparks eine Videokamera installiert, sodass Besucher des Informationszentrums die gesamte Brutsaison per Live-Übertragung miterleben können.

Neben Seen und Wäldern, Mooren und Sümpfen prägen auch Binnendünen und sandige Ebenen die Region – zum Beispiel in der Feldberger Seenlandschaft in Mecklenburg und im Umfeld der Uckermärkischen Seen in Brandenburg. Beide Gebiete sind als Naturparks geschützt und bilden, da sie direkt aneinandergrenzen, eine Einheit. Die vielgestaltige Landschaft entstand durch die letzte Eiszeit. Geologen finden in beiden die sogenannte Glaziale Serie, eine bestimmte Folge von Landschaftsformen mit Grundmoräne, Endmoräne, Sander und Urstromtal, die sich im Lauf der eiszeitlichen Vergletscherung herausgebildet hat. Die vielen Klarwasserseen, die heute ein Refugium für selten gewordene Tiere wie Fischotter und Biber sind, entstanden ebenfalls durch eiszeitliche Prozesse. Zu den markantesten gehört der Schmale Luzin mit seinem bis zu 40 Meter hohen Steilufer. Da der See so schmal ist, wie sein Name nahelegt, wirkt er an manchen Stellen eher wie ein Fluss als wie ein stehendes Gewässer.

Etwa 140 Vogelarten brüten in den naturnahen Lebensräumen der Feldberger Seenlandschaft. Seltene Fische und Libellen sind hier ebenso zu finden wie zwei Drittel der Pflanzenarten, die es in Mecklenburg-Vorpommern gibt. Darunter sind auch zahlreiche bedrohte Arten: allein elf Orchideenspezies, am häufigsten das Breitblättrige Knabenkraut. Es gedeiht vor allem auf den extensiv genutzten Feuchtwiesen. Hier stakst auch der Weißstorch mit seinen langen roten Beinen umher, während er mit seinem schlanken Schnabel nach Insekten, Mäusen oder Fröschen stochert. In den Seen und Bächen des Naturparks lassen es sich Fischotter gut gehen. Die flinken und wendigen Marderverwandten sind auf saubere Gewässer angewiesen, mit einer Ufervegetation, unter der sie Schutz finden. So etwas ist in ganz Mitteleuropa selten geworden, ebenso wie in der Folge der Fischotter. Bei Dämmerung oder in der Dunkelheit machen sich die scheuen Tiere auf

Der Marderhund, ein „Neubürger" aus Asien und Sibirien, breitet sich auch bei uns aus. Er lebt in Wäldern, an Seen oder Bächen, wo er den Tag verschläft. Erst nach Einbruch der Dämmerung begibt sich der Allesfresser auf Nahrungssuche. Mit seiner Gesichtsmaske erinnert er ein wenig an den Waschbär.

Vorige Seiten: Die Europäische Sumpfschildkröte hält sich am liebsten im Wasser auf; zum Sonnenbaden kommt sie aber auch an die Oberfläche. In Deutschland findet sich diese Art nur noch in Brandenburg und Mecklenburg-Vorpommern.

Morgennebel über der Uckermark, deren Landschaft vor allem durch die letzte Eiszeit geprägt ist. Mehr als die Hälfte des Landkreises steht unter Schutz.

Frischlinge bei Berlin: An Wildschweinen herrscht in Deutschland kein Mangel. Sie wagen sich immer öfter in Siedlungen und selbst in Großstädte vor.

die Jagd nach Fischen, Krebsen, Fröschen oder Kröten. Mit ihrem stromlinienförmigen Körper, den Schwimmhäuten an den Füßen und einem dichten Pelz sind die Einzelgänger besonders gut an das Leben im Wasser angepasst. Auf einem Quadratzentimeter Haut wachsen beim „Wassermarder" rund 50 000 Haare, die ein dichtes Geflecht bilden und ihn vor Kälte schützen. (Zum Vergleich: Auf dem Kopf eines Menschen sind es etwa 300 pro Quadratzentimeter.) Zwischen den Haaren des Otterfells sammelt sich Luft, die das Wasser von der Haut fernhält. Dadurch bleibt sie trocken, und der Körper kann seine Wärme speichern, obwohl er keine isolierende Speckschicht hat wie andere im Wasser lebende Säugetiere.

Ein besonders wertvoller Schatz sind die Buchenwälder der Gegend. Bereits Mitte des 19. Jahrhunderts ordnete Großherzog Georg von Mecklenburg-Strelitz den Schutz der mächtigen Bäume an, deren Stämme an Säulen eines gotischen Kirchenschiffs erinnern. Damals entstand der Begriff „Heilige Hallen", nach dem heute das Naturschutzgebiet benannt ist. Auf 25 Hektar Fläche beherbergt es den ältesten Buchenwald Deutschlands. Einige der Bäume sind mehr als 50 Meter hoch und mehr als 350 Jahre alt. Da die Natur dort schon seit Jahrzehnten sich selbst überlassen bleibt, fallen die Baumriesen irgendwann um und bleiben als Totholz liegen. Das schafft Platz für den Jungwuchs und jede Menge Lebensraum für Pilze, Insekten und höhlenbewohnende Vögel. Auf diese Weise ist ein urwüchsiger Wald entstanden.

Manche der mächtigen alten Eichen der Region haben eine Geschichte, die noch weiter zurückreicht, so die Ivenacker Eichen, die als Naturdenkmale klassifiziert sind. Rund 1000 Jahre alt soll die älteste von ihnen sein, ihr Stamm hat einen Umfang von mehr als zehn Metern. Dass sich die Bäume so stark entfalten konnten, geht auf die historische Nutzung als sogenannter Hudewald zurück, als Viehweide also. Früher trieben slawische Siedler ihre Schweine in den Wald, wo die Tiere sich von Eicheln, Sträuchern und Jungbäumchen ernährten. Die alten Bäume konnten sich so in ihrer ganzen Pracht ausbreiten. Der Legende nach war einer der Bäume so groß, dass man in seinem Hohlraum ein Pferd verstecken konnte. Anfang des 19. Jahrhunderts wollte man auf diese Weise den berühmten Schimmelhengst Herodot vor den anrückenden Franzosen verbergen. Der verriet sich aber durch ein Wiehern. Nach seiner Entdeckung diente er Napoleon als Reittier, bis er 1814 von Marschall Blücher in seine mecklenburgische Heimat zurückgebracht wurde. In dem Gehege um die „Tausendjährigen Eichen" setzte man schon im 18. Jahrhundert Damhirsche aus, zur Jagd für die Landesherren. Die Huftiere mit dem weiß gefleckten Sommerfell stammen aus Klein- und Vorderasien und wurden in der Antike im Mittelmeerraum heimisch – in deutsche Lande kamen sie erstmals im 16. Jahrhundert.

Die Bundesländer Mecklenburg-Vorpommern, Brandenburg und Sachsen-Anhalt tragen den majestätischen Adler im Wappen. Als Regionen sind sie deutschland- und europaweit auch verantwortlich für den Schutz von

Alle viere fliegen hoch – durchaus sportlich ist dieses Rehkitz.

Vorige Seiten: Klatschmohn im Getreidefeld ist ein seltener Anblick geworden. Hier ein Feld bei Biesenbrow, einem Dorf im Biosphärenreservat Schorfheide-Chorin.

Folgende Seiten: Dieser prächtige Rothirsch würde in Jägerkreisen Begehrlichkeiten wecken. In der Schorfheide kann er sich einigermaßen sicher fühlen. Rothirsche sind ursprünglich keine Waldtiere, sondern Bewohner offener Landschaften.

In der von Sümpfen, Wiesen, Äckern und kleinen Forsten geprägten Kulturlandschaft des Havellandes finden Großtrappen eines ihrer letzten Rückzugsgebiete in Deutschland. Die Kranichverwandten sind vom Aussterben bedroht.

An den weiten Stränden der Ostseeküste findet man viele Tierspuren, wie hier auf der Halbinsel Darß.

Oben und rechte Seite: Im Winter sind Seidenschwänze in Deutschland in Gärten oder Grünanlagen zu Gast. Die Früchte von Ebereschen, Schneeball oder Wacholder gehören dann zu ihrer bevorzugten Nahrung. Im Sommer brüten sie in der russischen Taiga oder den Nadelwäldern Nordfinnlands. Die geselligen Vögel brüten, schlafen und ziehen in Kolonien.

Unten: Rehe im Schnee – als wäre es ein winterliches Stillleben. Das Nahrungsangebot beschränkt sich um diese Jahreszeit auf Gräser und was sich sonst an Grünzeug finden lässt.

Fischadler, Seeadler und Schreiadler, die im Nordosten Deutschlands am stärksten verbreitet sind. Unter ihnen ist der Schreiadler der seltenste und anspruchsvollste. Da er sehr empfindlich auf Störungen reagiert, ist er auf ruhige, unzerschnittene Lebensräume angewiesen: naturnahe Wälder für den Horst, daneben Wiesen oder Feuchtgebiete für die Jagd nach Mäusen, Fröschen und Insekten. Die jagt er nicht nur aus der Luft, sondern auch zu Fuß. So kann man ihn ähnlich wie einen Storch über eine Wiese oder eine Lichtung spazieren sehen. Das Weibchen legt meist zwei Eier und brütet auch beide aus. Trotzdem überlebt fast immer nur das zuerst geschlüpfte Küken, weil es das zweite tötet. Dieses Verhalten, von Ornithologen in Anlehnung an die alttestamentarische Geschichte vom Brudermord „obligatorischer Kainismus" genannt, ist angeboren. Wenn die Schreiadler ihre Brut beendet haben, verbringen sie den Winter im südlichen Afrika.

Deutschlands Nordosten beherbergt eine weitere einzigartige Fluss- und Seenlandschaft – das Havelland westlich von Berlin. Im Naturpark Westhavelland liegt das Europäische Vogelschutzgebiet Havelländisches Luch, dessen besondere Attraktion die seltenen Großtrappen sind. Der Name „Luch", vom slawischen Wort für Sumpf oder Wiese stammend, bezieht sich auf die einst moorigen und sumpfigen Gebiete. Heute wird die Landschaft von Äckern und Grünland geprägt, von kleinen Forsten, Hecken und Baumreihen: eine offene Kulturlandschaft, die für Großtrappen ideal ist. Die ursprünglich in der Steppe beheimateten Kranichverwandten ernähren sich von Früchten und Samen, Kräutern und Insekten. Da die Männchen bis zu 18 Kilogramm wiegen können, zählen Großtrappen zu den schwersten flugfähigen Vögeln der Welt. Ihr Verbreitungsgebiet reicht von Spanien bis in die Mongolei; in den meisten Ländern sind sie jedoch ausgerottet. Zusammen mit den Belziger Landschaftswiesen und dem Fiener Bruch bildet das Havelländische Luch eines der letzten Rückzugsgebiete für diese vom Aussterben bedrohte Vogelart in Deutschland. Im Winter halten sich die Tiere in kleinen Gruppen auf Rapsäckern auf. Und während im Frühjahr weiter nördlich die Kraniche ihre Balztänze aufführen, kann man im Havelland von Mitte März bis Mitte Mai die nicht minder beeindruckende Trappenbalz beobachten – am besten auf jenen Exkursionen, die an der Staatlichen Vogelschutzwarte in Buckow beginnen und zu Aussichtstürmen im Balzgebiet führen.

Großtrappen sind ursprünglich Steppenvögel. Heute leben sie auch in Kulturlandschaften. Ältere Männchen haben einen Federbart, der am Schnabel beginnt und in der Mitte des Halses endet.

Gebänderte Prachtlibellen leben an naturnahen Flüssen
und Bächen. Sie jagen kleine Fluginsekten.

Dornfingerspinnen bauen keine Fangnetze. Tagsüber halten sie sich in Ruhegespinsten auf, die sie an Pflanzen, unter Steinen oder im Gebüsch anlegen. Nachts gehen sie auf die Jagd.

Folgende Seiten: Eine prächtige Erscheinung ist die Östliche Smaragdeidechse. In Brandenburg leben die Tiere auf sandigem Boden am Rand von Kiefernforsten, in der Heide oder an Wegböschungen. Die leuchtend blaue Kehlzeichnung ist vor allem während der Paarungszeit zu sehen.

Seiten 80/81: Abendstimmung im Havelland.

EULEN
AUF LEISEN SCHWINGEN

Siri ist der Star des Vogelparks Steinen im Südschwarzwald. Der imposante Uhu tritt dort in einer Greifvogel-Show auf und führt vor, dass er im Flug lautlos über die geduckten Köpfe der Besucher hinwegstreichen kann. Und während der Falkner die weiteren Vögel des Programms vorstellt, lässt sich das Uhu-Weibchen wie selbstverständlich auf einer der rohen Holzbänke mitten im Publikum nieder und wartet geduldig auf seinen nächsten Einsatz. Am Ende der Veranstaltung dürfen die Gäste Siri das samtige Gefieder streicheln und können versuchen, dem „stechenden" Blick des Vogels standzuhalten – aus feuerfarbenen Augen mit großen schwarzen Pupillen.

Die großen Augen eines Uhus und die anderer Eulen sind an ihre nächtliche Lebensweise angepasst. Sie funktionieren ähnlich wie Teleobjektive mit großer Blende (die Pupillen) und können das Restlicht auf diese Weise optimal nutzen. Die Netzhaut einer Eule verfügt über erheblich mehr Sehzellen als die eines Menschen. Zur biologischen Ordnung der Eulen zählen mehr als 140 Arten; zehn davon leben in Deutschland: Uhu, Raufußkauz, Steinkauz, Waldkauz, Habichtskauz, Sperlingskauz, Schleiereule, Zwergohreule, Waldohreule und Sumpfohreule. Bis auf Letztere sind alle auf die nächtliche Jagd spezialisiert, tagsüber ruhen die Vögel. Eulen jagen von einer Ansitzwarte aus oder im Pirschflug. Sie sind aber auch gut zu Fuß und am Boden schnell genug, um eine fliehende Maus einzuholen. Ihr Gehör ist ausgezeichnet. Mit ihren versetzten Ohröffnungen können Eulen ihre Beute exakt orten. «So kann eine Schleiereule zum Beispiel die Geräusche einer Maus auf ein Winkelgrad genau anpeilen», unterstreicht der Dachverband deutschsprachiger Eulenfachleute. «Ihr Gehör ist um das Fünf- bis Zehnfache empfindlicher als das des Menschen.»

Der Europäische Uhu ist die größte einheimische Eule. Er kann bis zu drei Kilogramm wiegen und bis zu 70 Zentimeter groß werden. Die Flügel erreichen eine Spannweite von fast 1,70 Meter. Das gilt allerdings nur für Weibchen, die um einiges größer und schwerer sind als Männchen. Uhus können sich gut an verschiedene Lebensräume anpassen, ob Wald oder Küste; in Deutschland kommen sie derzeit häufiger im Gebirge als im Flachland vor. Gebiete mit intensiver Landwirtschaft meiden sie wie andere Eulen auch. In unserem Land werden immer mehr Wiesen und Weiden in Maisäcker umgewandelt – dort finden Beutegreifer dann grundsätzlich nicht mehr genügend Nahrung. Dabei sind Uhus gar nicht wählerisch, was ihre Beute angeht. Als Nahrungsopportunisten nehmen sie das, was zahlreich vorhanden und leicht zu bekommen ist: Mäuse, Ratten, Kaninchen, Krähen, Tauben,

Drei junge Steinkäuze kuscheln sich aneinander. Im antiken Griechenland galt der Steinkauz als Symbol der Athene, der Göttin der Weisheit, und war auch auf den alten Münzen abgebildet. Daher steht die Redewendung „Eulen nach Athen tragen" für etwas Überflüssiges.

Rechte Seite: Mit großen Augen schaut der Raufußkauz aus seiner Höhle. Er siedelt in alten Bäumen in den Höhlen des Schwarzspechts und ernährt sich von Langschwanz- und Wühlmäusen. Sein Name bezieht sich auf die stark befiederten Füße.

Vorige Seiten: Trotz seiner imposanten Größe rauscht der Uhu beinah lautlos herbei. Die gefransten Säume seiner Schwungfedern machen es möglich. Die auffälligen „Federohren" haben nichts mit dem Gehör zu tun. Es handelt sich um verlängerte Federn, die beim Sozialverhalten eine Rolle zu spielen scheinen.

Enten. Uhus jagen so ziemlich alles, was kleiner ist als sie selbst, sogar kleinere Eulen wie den Waldkauz oder die Waldohreule. Diese beiden sind die häufigsten Eulenarten in Deutschland. Selbst junge Füchse, Rehkitze oder junge Wildschweine greift sich der Uhu! Und nicht mal ein so wehrhaft scheinendes Tier wie der Igel ist vor ihm sicher – er wirft die stachelige Halbkugel einfach um und weidet sie von der Bauchseite aus.

Uhus wurden früher als Jagdkonkurrenten betrachtet und stark bejagt, teils bis zur Ausrottung. Erst in den 80er-Jahren begann man sie zu schützen und durch Auswilderung wieder anzusiedeln. Zum Beispiel im Harz, in der Eifel, in Bayern oder in Schleswig-Holstein. Der dort aktive Landesverband Eulen-Schutz verkündete in seinem Jahresbericht 2012 stolz: «Mit rund 400 Uhu-Brutpaaren bleibt Schleswig-Holstein weiterhin die Region Mitteleuropas mit der höchsten Uhu-Dichte.» Acht der zehn heimischen Eulenarten leben auch im nördlichsten Bundesland. Seit mehr als drei Jahrzehnten sind die Eulenschützer dort ehrenamtlich aktiv – mit so viel Erfolg, dass die Vögel auch das Nachbarland Dänemark wiederbesiedeln. Darüber freuen sich dänische Ornithologen, die in einer Grußbotschaft an den deutschen Landesverband schrieben: «Dank eures Auswilderungsprojekts haben wir heute in ganz Jütland eine sich selbst tragende Uhu-Population – 100 Jahre nach dem Aussterben des Uhus durch die Verfolgung durch den Menschen.» So rauschen Siris Verwandte auch in Dänemark wieder lautlos durch die Nacht.

Rechte Seite: Die Schleiereule ist gut an ihrem herzförmigen Gesichtsschleier zu erkennen, nach dem sie benannt ist. Als typischer Kulturfolger lebt sie in Dörfern und brütet in Scheunen, Speichern, Kirchtürmen, Trafohäuschen oder Fabrikgebäuden. Sie ernährt sich bevorzugt von Feldmäusen.

MITTE
DIE RÜCKKEHR DER WÖLFE

Lange Zeit geisterte er nur noch durch unsere Märchen und Sagen – nun ist er leibhaftig wieder da: der Wolf. Einst war der als „böse" Verfemte in Europa weit verbreitet, davon zeugen auch bei uns bis heute viele Orts- und Flurnamen. Doch dann wurde der Urvater der Hunde so stark bejagt, dass er Mitte des 19. Jahrhunderts auf deutschem Gebiet kaum noch vorkam. Die Rückkehr der Wölfe begann Ende der 90er-Jahre, als sie von Polen aus nach Sachsen übersiedelten. Schwimmend kamen sie über die Neiße, im Schutz der Dunkelheit, von staunenden Grenzbeamten mithilfe von Nachtsichtgeräten entdeckt. Die vierpfötigen Einwanderer schüttelten sich das Wasser aus dem Pelz und versuchten ihr Glück diesseits der Grenze. Auf dem Truppenübungsplatz Oberlausitz in der Muskauer Heide wurde zunächst ein Wolf gesichtet, zwei Jahre später waren es zwei – und im Jahr 2000 kamen dort die ersten Welpen zur Welt, vier an der Zahl. Mit ihnen begannen sich die Wölfe in Deutschland wieder auszubreiten.

Die Muskauer Heide ist das größte Binnendünengebiet in Deutschland. Ausgedehnte Kiefernwälder prägen die Landschaft, im Wechsel mit Trockenrasen, Heidemooren und Zwergstrauchheiden. In der dünn besiedelten Region, erst recht in der Sperrzone des Truppenübungsplatzes, haben die Wölfe offenbar ideale Bedingungen gefunden, um ihre Jungen aufzuziehen. Wo tagsüber Panzer und Jeeps lärmen, gehen nachts die Raubtiere auf Jagd. Auch ihre Beute ist für gewöhnlich erst um diese Zeit aktiv. In den folgenden beiden Jahren bekommt das Wolfspaar aus der Muskauer Heide jeweils wieder Nachwuchs. 2002 verlassen die vier Erstgeborenen das elterliche Rudel, wie es die Natur vorsieht. Sie wandern rund 30 Kilometer nach Westen und durchstreifen das Gebiet um Mühlrose und Neustadt an der Spree. Zehn Jahre später leben bereits elf Rudel und ein Wolfspaar in der Lausitz, die sich vom nordöstlichen Sachsen bis ins südliche Brandenburg zieht. Dort jagen sie vor allem Rehe, Rothirsche und Wildschweine; auch Hasen und Wildkaninchen verschmähen sie nicht.

Unter der Muskauer Heide lagern mächtige Braunkohleflöze, die durch die Tagebaue Nochten und Reichwalde erschlossen werden. Aber das schreckt Isegrimm nicht: Manchmal wird er dabei beobachtet, wie er direkt unter einem Kohlebagger hindurchspaziert – statt einen Bogen um ihn zu machen. Aus menschlicher Sicht mutet es vielleicht seltsam an, dass Wölfe (und andere Wildtiere) an scheinbar unwirtlichen Orten wie Truppenübungsplätzen und in Tagebaugebieten leben. Militär und Kohleförderung, Soldaten und Arbeiter, die überwiegend auf den gleichen Wegen unterwegs sind, sind für sie wahrscheinlich berechenbarer als Spaziergänger, die mit ihren dressierten Wolfsnachkommen querfeldein durchs Gelände laufen – berechenbarer auch als der Straßenverkehr, dem sie immer wieder zum Opfer fallen.

Neben dem Tagebau, auf einer rekultivierten Bergbaufläche, herrscht daher ein erstaunlich reger Wildwechsel. Das zeigt ein kurzer Abstecher in das Gelände am späten Nachmittag. Mit einer Försterin und einer Forscherin befinde ich mich in einer öde wirkenden Landschaft, auf einer Sandpiste von der Breite einer Autobahn, flankiert von Monokulturen aus jungen Bäumen. Dahinter erheben sich monströs die Kühltürme des Braunkohlekraftwerks Boxberg, aus denen Schwaden von Wasserdampf quellen. Und am Horizont sehen wir die Bagger von Nochten in Aktion. Kein Wildtier würde sich jetzt aus der Deckung trauen, so viel ist klar. Aber nachts muss hier das Leben toben, das verraten die Spuren im Sand: Hirsch, Feldhase (mancherorts eine gefährdete Art), Fuchs, Waschbär, Marder – und der Wolf.

Manche Spuren sind so frisch, dass sie wahrscheinlich aus der Morgendämmerung desselben Tages stammen. Darunter zwei Wolfsspuren unterschiedlicher Größe: ein Erwachsener und ein Jungtier. Von Hundespuren unterscheiden sie sich vor allem durch den sogenannten geschnürten Trab. Das ist eine energiesparende Gangart des Wolfes, bei der er mit seinen Hinterpfoten in die Spuren der Vorderpfoten tritt. Die Fußabdrücke wirken

Der Wolf ist wieder da. Mehr als 150 Jahre nach seiner Ausrottung ist er aus Polen bei uns eingewandert. Hier eine Gehege-Aufnahme.

Folgende Seiten: Die Rotbuche ist die am häufigsten vorkommende heimische Baumart. Nach der letzten Eiszeit war Mitteleuropa von Buchenwäldern überzogen.

dadurch, als seien sie an einer Perlenkette aufgereiht („geschnürt"). Andere Spuren lesen sich spannend wie ein Krimi. Etwa die eines Hasen, der herbeigehoppelt kam und im Sand verweilte. Dabei hinterließ er eine tiefe Sitzspur. Dann deuten die Spuren plötzlich auf eine beinahe fliegende Flucht nach vorn. Die Pfoten haben offenbar kaum noch den Boden berührt. Der Grund wird schnell klar: ein Fuchs von hinten! Die Spur des Räubers folgt der Hoppelspur des Hasen und umkreist die Sitzmulde. Da keine Kampf- und Blutspuren zu sehen sind, vermuten wir, dass der Hase die Gefahr rechtzeitig bemerkt hat und seinem Häscher entkommen ist.

Direkt neben dem rekultivierten Tagebau, im Dreiländereck zwischen Deutschland, Tschechien und Polen, liegt das Biosphärenreservat Oberlausitzer Heide- und Teichlandschaft. Die naturnahen Teiche wurden ab dem Mittelalter von eingewanderten fränkischen Bauern zur Fischzucht angelegt. Die Region ist ein beliebtes Brutgebiet für Vögel, vor allem für den Seeadler: Seit den 70er-Jahren brütet er hier wieder. Mit inzwischen 17 Revierpaaren ist der Bestand hier so dicht wie nur an wenigen anderen Orten in Mitteleuropa. Der 88 Kilometer lange Seeadlerrundweg, den man bequem mit dem Fahrrad erkunden kann, eignet sich bestens, den Greifvogel und all die Mitbewohner kennenzulernen, die charakteristisch für sein Brutrevier sind.

Der Weg führt durch lichte Wälder aus Kiefern und Birken, unter denen Farn, Glockenheide, Sumpfporst und Torfmoos wachsen sowie Heidelbeere, Preiselbeere und Moosbeere. Am Tauerwiesenteich kann man neben dem Seeadler auch Kraniche, Silberreiher, Wasserrallen und Eisvögel beobachten. Im Frühjahr watet hier die Rohrdommel durchs Schilf, um mit ihrem typischen «Huuups» nach einem Paarpartner zu rufen. Der dumpfe Laut ist kilometerweit zu hören und klingt nach einem viel größeren Tier als der etwa haushuhngroßen Rohrdommel. Deshalb heißt sie im Volksmund auch „Moorochse". Im Teich befindet sich eine Insel für die gefährdeten Flussseeschwalben. Ein Elektrozaun sichert sie gegen Nesträuber wie Waschbären, Füchse, Minks, Otter und Marder. Selbst Wildschweine wurden hier schon schwimmend mit Kurs auf die Insel beobachtet.

Wie der Name des Biosphärenreservats bereits sagt, umfasst es neben Feuchtgebieten auch Trockengebiete wie die Heide. Hier brüten ebenfalls seltene Vogelarten, darunter Wiedehopf, Ziegenmelker und Neuntöter. Außerdem ist die Heide der ideale Lebensraum für Kreuzottern und andere Reptilien. Dieser Lebensraum muss jedoch gepflegt werden, sonst verbuscht er und wird schließlich wieder zu Wald. Um das zu verhindern, führte man die Koniks ein, eine urtümliche Pferderasse aus Polen. Sie dienen nun als Landschaftspfleger, so wie andernorts Schafe oder Rinder. Mit ihrem graubeigen Fell, dem Aalstrich und der dunklen Mähne erinnern Koniks ein wenig an die norwegischen Fjordpferde. Optisch passen sie so gut in diesen „steppenähnlichen" Lebensraum, dass man sie kaum sieht. Genügsam wie die robusten Pferdchen sind, ernähren sie sich nicht nur von Gras, sondern

Ein Feldhase im Schnee. Im Winter, wenn er optisch weniger gut an seine Umgebung angepasst ist als im Sommer, muss er sich besonders vor Füchsen und Greifvögeln in Acht nehmen, seinen Raubfeinden.

Vorige Seiten: Der Wolf breitet sich in Deutschland aus. Mindestens ein Tier aus dem Rudel im sächsischen Nochten hält sich in der Lüneburger Heide auf. Menschen werden aber kaum jemals einem Wolf begegnen.

Das Mufflon ist das einzige Wildschaf in Europa. Ursprünglich kam es nur auf Sardinien und Korsika vor, inzwischen ist es aber in vielen europäischen Ländern heimisch. In Deutschland bürgerte man es um das Jahr 1900 als Jagdwild ein.

Mufflons leben in gebirgigen Landschaften. Weibliche Tiere und Lämmer bilden Herden, die Böcke stoßen nur zur Paarungszeit dazu.

Neuntöter bei der Paarung. Der Name geht auf den Volksglauben zurück, der Vogel töte erst neun Beutetiere, bevor er sie verspeise. Tatsächlich neigt der Neuntöter dazu, bei schlechtem Wetter Vorräte anzulegen, indem er größere Beute wie Käfer oder Mäuse auf Dornen oder Stacheln spießt.

Rechte Seite: Neuntöter-Weibchen mit Nistmaterial im Schnabel. Die Vögel bevorzugen Dornsträucher als Neststandort.

auch von jungen Trieben und Baumschösslingen. Damit wirken sie der Verbuschung und Wiederbewaldung auf natürliche Weise entgegen.

Den offenen Kulturlandschaften im Osten Deutschlands, in denen Bäume unerwünscht sind, stehen weiter westlich Wälder gegenüber, die besonders geschützt werden – in Thüringen und Hessen zum Beispiel. Beide Bundesländer verbindet eine dicht bewaldete Mittelgebirgslandschaft, die vom Hainich im Osten über den Meißner-Kaufunger Wald und den Habichtswald bis zum Kellerwald-Edersee im Westen reicht. Zusammengenommen bilden diese Areale die geographische Mitte Deutschlands. Ihres Artenreichtums und ihrer ökologischen Besonderheit wegen sind die Wälder mindestens als Naturpark ausgewiesen. Zwei Gebiete stehen unter speziellem Schutz: der Nationalpark Hainich in Thüringen und der Nationalpark Kellerwald-Edersee in Hessen. Beide beherbergen alte Buchenwälder, die seit Juni 2011 zum Unesco-Weltnaturerbe zählen.

Der Hainich ist das größte zusammenhängende Laubwaldgebiet Deutschlands. Er umfasst eine Fläche von rund 16 000 Hektar, von denen fast die Hälfte als Nationalpark ausgewiesen ist. Auch wenn die Rotbuche überwiegt, gibt es 25 weitere Arten von Laubbäumen, beispielsweise Ahorn und Esche in feuchten Tälern oder Schwarzerlenbruchwald an nassen Standorten. Im Hainich hört man das Zwitschern, Rufen oder Klappern von 189 Vogelarten, darunter den seltenen Schwarzstorch, den Baumfalken, den Raubwürger, Braun- und Schwarzkehlchen sowie die Bekassine. Und man kann das Hämmern der sieben in Thüringen heimischen Spechtarten vernehmen.

Der Nationalpark befindet sich im südlichen Teil des Hainich, einem Höhenzug aus Muschelkalk, der mit dichtem Buchenwald bewachsen ist. Vom Menschen weitgehend unbeeinflusst, herrscht in diesem Wald eine natürliche Altersstruktur mit Baumveteranen, Jungwuchs und einer Menge Totholz, das von Moosen, Flechten und Pilzen überzogen ist. Totholz ist für die Lebensgemeinschaften besonders wichtig; es bietet vielen Insekten, Spinnen, Kleinsäugern und Vögeln Nahrung und Lebensraum. Hier wurde sogar ein ganz besonderer Rindenkäfer gefunden, der in Deutschland als ausgestorben galt: der Reitters Strunk-Saftkäfer, ein Urwaldrelikt.

Im Hainich leben die für mitteleuropäische Laubmischwälder typischen Bewohner wie Reh, Dachs und Wildschwein. Die große Fläche, das Totholz und die verschiedenen Altersklassen des Waldes machen den Hainich darüber hinaus zu einem geeigneten Lebensraum für den Baummarder, 15 Fledermausarten und sogar für die Wildkatze. Die kleinen Räuber mit dem buschigen Schwanz waren früher in Deutschland und Europa weit verbreitet. Heute dagegen sind ihre Rückzugsgebiete auf ein Minimum geschrumpft, weil es kaum noch unzerschnittene Wälder gibt. Rund 30 Wildkatzen streifen durch den Hainich, überwiegend nachts. Hier finden sie alles, was ihnen an vielen anderen Orten fehlt: ausgedehnte Wälder, kleine Lichtungen, im Wald verborgene Wiesen – ein großes Jagdrevier von

Eine Krabbenspinne auf einer Scabiosen-Flockenblume. Diese Spinnen können, ähnlich wie Krabben, gleich gut vorwärts-, seitwärts- und rückwärtslaufen.

Vorige Seiten: Bei Regen kommt die Weinbergschnecke aus ihrem Häuschen. Ihr Körper kann bis zu zehn Zentimeter lang werden, damit ist sie die größte einheimische Gehäuseschnecken-Art.

Der Feldhamster, ursprünglich ein Steppentier und Kulturfolger, war bei uns früher weit verbreitet. Als „Ernteschädling" geschmäht, wurde er so stark bekämpft, dass er nun auf der Roten Liste steht.

Rechte Seite: Der Habicht brütet bevorzugt in Wäldern, siedelt aber auch im ländlichen Raum. Inzwischen baut er sogar in Stadtwäldern oder Parks seine großen Horste.

mehreren Hundert Hektar, hohle Bäume, Fuchs- und Dachsbaue zum Verstecken, ungestörte Plätze im Gebüsch, an denen sie sich tagsüber ausruhen oder ihren Nachwuchs aufziehen können. Meist im Frühling, manchmal auch im Herbst, bringt das Weibchen zwei bis vier Junge zur Welt. Die ersten Lebenswochen verbringen die Kleinen in ihrem Versteck, bis sie im Alter von etwa sechs Wochen beginnen, mit ihrer Mutter die Umgebung zu erkunden. Dabei lernen sie Stück für Stück ihre potenzielle Beute kennen: hauptsächlich Mäuse. Bei Gelegenheit fängt die Wildkatze aber auch Kaninchen, Vögel, Frösche oder ernährt sich von Insekten.

Vielleicht werden die Wildkatzen einmal den Hainich verlassen und nach Westen ziehen, so wie die Wölfe in der Lausitz. Auch hier lockt Waldwildnis, vor allem im Nationalpark Kellerwald-Edersee mit seinen bewaldeten Bergkuppen, Schluchten und Felsen, Wiesentälern, klaren Bächen und Flüssen. Es gibt erste Hinweise für eine Rückkehr der Wildkatze. Der seltene Uhu ist bereits wieder da. Außerdem leben hier Fuchs, Dachs und Marder ebenso wie Rothirsch, Reh, Damhirsch und Wildschweine. Der Waschbär breitet sich aus. Wie im Hainich zählt man auch hier 15 Fledermausarten, darunter das europaweit gefährdete Große Mausohr und die Bechsteinfledermaus.

Der Rothirsch ist in Mitteleuropa zu einem scheuen Waldtier geworden, das sich erst nach Einbruch der Dämmerung aus der Deckung wagt. Er fürchtet sich vor Jägern. Im Wald kommt es dann zu den unvermeidlichen Schäden an Bäumen, weil die Tiere die Rinde abschälen oder den Jungwuchs verbeißen. Ursprünglich wanderten sie vor allem durch offene Landschaften. Und sie waren tagaktiv. Das werden sie auch wieder, sobald sie sich sicher fühlen können. In Jagdruhezonen wie dem „Tal der Hirsche" nördlich von Berlin oder im Südschwarzwald sieht man den Rothirsch am Tag auf den Äsungsflächen. Im Nationalpark Kellerwald-Edersee soll die Jagd, die hier Teil des Wildtiermanagements ist, Schritt für Schritt reduziert werden. Wenn der Hirsch nicht mehr gejagt wird, verliert er seine Scheu vor dem Menschen und könnte in Zukunft auch von Besuchern des Nationalparks beobachtet werden.

Rothirsche sind Paarhufer, die ihren Namen dem rötlich braunen Sommerfell verdanken (im Winter ist es graubraun); sie können gut riechen, hören und sehen. Ruheplätze wählen sie nach der Windrichtung aus, um potenzielle Raubfeinde rechtzeitig zu wittern. Früher waren das Bären und Wölfe, heute sind es Jäger und Autos. Mithilfe der seitlich stehenden Augen behalten Hirsche, wie andere Fluchttiere auch, ihre Umgebung stets im Blick. Geräusche müssen sie nicht zwangsläufig verschrecken – selbst Gewehrschüsse können sie unterscheiden lernen, etwa die auf Truppenübungsplätzen. Wenn sie dort keine schlechten Erfahrungen gemacht haben, reagieren sie auf die militärischen Schießereien gelassen. Den schießenden Jäger dagegen erkennen sie als Gefahr und fliehen.

Der Große Leuchtkäfer, auch Großes Glühwürmchen genannt, wird erst nach Einbruch der Dämmerung aktiv und kommuniziert über Lichtsignale. Die Weibchen sind größer als die Männchen, leuchten stärker und locken sie damit an.

Vorige Seiten: Allen Unkenrufen zum Trotz können Hummeln sehr wohl gut fliegen, ohne die Gesetze der Aerodynamik zu verletzen.

An ihrer Gesichtsmaske und dem grau-schwarz geringelten Schwanz sind Waschbären leicht zu erkennen. Die kleinen Raubtiere sind dämmerungs- und nachtaktiv.

Rechte Seite: Früher brütete der Sperber nur im Wald, heute hat er sich auch in Städten eingerichtet.

Folgende Seiten: Koniks, eine aus Osteuropa eingeführte Pferderasse, werden in Schutzgebieten als Landschaftspfleger eingesetzt.

Seiten 116/117: Die farbenprächtig schillernden Eisvögel brauchen naturnahe, unverbaute Flüsse mit sauberem Wasser.

FÜCHSE
OHNE LIST UND TÜCKE

Das Flugzeug befindet sich im Landeanflug auf Hamburg. Ich sitze am Fenster und blicke auf die Wiese neben dem Rollfeld. In dem Moment, als wir aufsetzen, erhebt sich ein Fuchs aus dem Gras direkt an der Piste und trottet seelenruhig neben dem ausrollenden Flugzeug her. Mit verschränkten Vorderpfoten hat er neben der Landebahn gelegen, als würde er auf jemanden warten. Der Lärm des Stahl-Ungetüms scheint ihn nicht zu stören. Offenbar hat er sich daran gewöhnt. Was aber macht ein Fuchs am helllichten Tag auf dem Rollfeld?

Anruf beim Flughafen. Dort ist der Förster und Jäger Markus Musser für das Thema Vogelschlag zuständig – die Kollision von Vögeln und Flugzeugen, die ein Sicherheitsrisiko ist. Er bestätigt, dass Füchse auch auf dem Flughafen Hamburg unterwegs seien, ganz einfach, weil sie in dieser Gegend leben. «Der Fuchs ist ein Kulturfolger. Die höchsten Fuchsdichten haben wir mittlerweile nicht mehr auf dem Land, sondern in Großstädten wie Hamburg, Berlin oder London.» Füchse auf dem Flughafen haben sogar einen positiven Effekt: «Der Fuchs ist nützlich für unsere Arbeit», erklärt Musser. Seitdem er auf dem Flughafengelände nicht mehr bejagt werde, gebe es weniger Probleme mit Vogelschlag durch Greifvögel. Die „Helfer" im rotbraunen Pelz jagen auf den Grünflächen zwischen Start- und Landebahnen vor allem Mäuse. Die sind zugleich die bevorzugte Beute von Mäusebussarden und Turmfalken. Da ihnen der Fuchs die Beute vor der Nase wegschnappt, scheinen sie auf andere Jagdterritorien auszuweichen, was wiederum die Wahrscheinlichkeit von Greifvögel-Kollisionen verringert. Auch auf anderen Flughäfen in Deutschland machen sich Füchse als Mäusejäger nützlich, zum Beispiel in Stuttgart.

Längst ist der Fuchs nicht mehr nur in Feld, Wald und Flur zu Hause, sondern hat sich einen Platz in Dörfern, Vororten und Städten erobert. Vom Stadtwald in die Stadt hinein ist der Sprung nicht mehr allzu groß; Grünanlagen wie Parks und Friedhöfe helfen dem Fuchs dabei. Sie bieten Nahrung, Deckung und Rückzugsmöglichkeiten. Als Allesfresser fällt es ihm leicht, auch in Siedlungen etwas Nahrhaftes zu finden: Kleinsäuger, Vögel, Regenwürmer, Insekten, Obst, Essensreste.

Der Fuchs gehört zwar zur Familie der Hunde, hat aber im Verhalten auch einiges mit Katzen gemeinsam. Wie sie jagt er Mäuse oder Ratten, an die er sich nach Katzenart anschleicht. Hat er einen der Nager mithilfe seines ausgezeichneten Gehörs und seines ebenso guten Geruchssinns gestellt, springt er in die Luft und drückt die Beute beim Aufprall mit den Vorderpfoten

Der Rotfuchs ist sehr anpassungsfähig. Er lebt nicht nur in Wäldern oder auf dem Land – mittlerweile zieht es ihn auch in die Städte.

Rechte Seite: Obwohl der Fuchs überwiegend Kleinsäuger wie Mäuse oder Kaninchen jagt, ist er ein Allesfresser, der sich auch von Insekten, Früchten oder Aas ernährt.

Vorige Seiten: Junge Füchse sind verspielt. Eine Füchsin bringt pro Jahr zwischen vier und sechs Junge zur Welt. Die Zahl der Jungen hängt unter anderem vom Nahrungsangebot und vom Jagddruck ab.

Ein Fuchs mit den Überresten eines toten Rehs, die ein anderer Beutegreifer übrig gelassen hat. Viel ist es nicht.

Rechte Seite: Der dichte rote Pelz schützt den Fuchs im Winter vor Kälte. Auch beim Menschen ist das Fell begehrt: Bis heute wird es für die Herstellung von Jacken und Mänteln genutzt.

zu Boden, bevor er sie verspeist. Füchse gehen zwar allein auf Nahrungssuche, sind aber nicht zwangsläufig Einzelgänger. Manchmal leben sie in einer Art „Saisonehe". Dann kümmern sich die Rüden ebenfalls um die Jungenaufzucht. Mitunter leben Füchse auch in Familien, zu denen außer den Eltern und Jungtieren weitere Verwandte gehören, etwa die Jungen des Vorjahres. Sie passen auf ihre jüngeren Halbgeschwister auf und springen sogar ein, falls ein Elternteil stirbt.

Die dem Fuchs angedichtete Schlauheit, die in Fabeln und Märchen zum Ausdruck kommt, könnte man auf seine hervorragende Lern- und Anpassungsfähigkeit beziehen. List und Gerissenheit aber, wie in der Geschichte von Reineke Fuchs, sind menschliche Projektionen, die mit dem Wildtier nichts gemein haben. Menschen haben obendrein leicht den Eindruck, der Fuchs vermehre sich übermäßig stark. Aus der Perspektive des Fuchses könnte man es genau umgekehrt sehen: Immer mehr Menschen dringen immer weiter in seine ursprünglichen Lebensräume ein. Das gilt auch für andere Wildtiere, und so bleibt ihnen nichts anderes übrig, als sich damit zu arrangieren. Vom Menschen hält sich der Fuchs jedenfalls fern. Auch an erwachsene Hunde und Katzen traut er sich nicht heran, allerdings sollten Jungtiere und Kaninchen, Geflügel oder Meerschweinchen in Sicherheit gebracht werden, vor allem nachts. Obwohl Füchse durchaus in Abfällen nach Essbarem wühlen, jagen sie weiterhin Mäuse und Ratten. Und sie sorgen dafür, dass viele tote Tiere nicht auf den Straßen liegen bleiben. Damit tragen sie zur städtischen Hygiene bei und zeigen einmal mehr, wie nützlich sie dem Menschen sein können – so wie auf dem Flughafen Hamburg.

WESTEN

RÄUBER DER LÜFTE

Rauschend fließt die Ahr durch Bad Neuenahr, einen Kurort in Rheinland-Pfalz. Folgt man dem Radwanderweg, der direkt am Fluss entlangführt, so durchquert man eine vielfältige Kultur- und Naturlandschaft. Weinanbau und Streuobstwiesen prägen diesen Teil des Ahrtals, der wegen seines milden Klimas schon die Römer angezogen hat. Mediterran geht es auch auf den Lohrsdorfer Streuobstwiesen zwischen Bad Neuenahr und Sinzig zu: Die Pyramiden-Hundswurz, ein Orchideengewächs aus Südwesteuropa, hat sich hier angesiedelt. Die Magerwiesen auf dem Lohrsdorfer Hang blicken nach Süden, unter ihnen liegt eine mehrere Meter dicke, kalkreiche Lössschicht – ideale Bedingungen für eine licht- und wärmeliebende Flora und Fauna.

So kommen hier noch Schmetterlingsarten vor, die anderswo selten geworden sind. Zum Beispiel das Beilfleck-Blutströpfchen, ein rot-schwarz leuchtender Schmetterling. «Bis in die 90er-Jahre war diese typische Magerwiesenart hier ausgestorben», erläutert der Biologe Andreas Weidner, der das Biotop im Auftrag des Landes Rheinland-Pfalz betreut. «Erst dadurch, dass wir gegen die Verbuschung angehen und zweimal im Jahr Schafe weiden lassen, hat sich dieser Schmetterling hier etablieren können.» Das gilt auch für den auf normalen Wiesen seltenen Senfweißling, dessen Raupen entgegen seinem Namen nicht auf Kreuzblütlern wie dem Senf leben, sondern auf Schmetterlingsblütlern wie der Bunten Kronwicke. Auch diese ist hier reichlich vertreten, gemeinsam mit anderen Arten aus derselben Pflanzenfamilie, was wiederum die Wildbienen erfreut. «Rund 50 Arten von Wildbienen leben auf den Lohrsdorfer Wiesen», sagt Weidner, «darunter sechs Arten, die auf der Roten Liste stehen.»

Da blühende Wiesen außer Bienen weitere Insekten anziehen, sind sie für Vögel ebenfalls ein Paradies – hier beispielsweise für den Baumpieper, die Dorngrasmücke oder den gefährdeten Gartenrotschwanz. Außerdem leben auf den Lohrsdorfer Streuobstwiesen Neuntöter, Grün- und Kleinspecht und in manchem Jahr der Wendehals. Dieser, der einzige Langstreckenzieher unter den europäischen Spechten, brütet hier und ernährt sich vor allem von Ameisen. Die alten, höhlenreichen Obstbäume sind ein idealer Unterschlupf für den Steinkauz, der in Deutschland stark gefährdet ist. Mehr als zwei Drittel seines Bestandes leben in Rheinland-Pfalz und Nordrhein-Westfalen.

Auf einer Streuobstwiese schaut gern auch mal der Dachs vorbei; zumal, wenn die Früchte reif sind und verlockend duften. Ansonsten hält der scheue Höhlenbewohner sich lieber im Verborgenen auf. Laub- und Mischwald bevorzugt er, bei heckenreichen Äckern und Feldern traut er sich aus der Deckung des Waldes heraus. Einmal sah ich einen Dachs am Rand eines Dorfs entlangtrotten, die Schnauze witternd am Boden. Sein schwarz-weiß gestreiftes Gesicht und den grauen „Überrock" fand ich kurios, erst recht seine seltsame Form: ein schmaler, länglicher Kopf mit anliegenden Ohren auf einem massig-rundlichen Körper, das Hinterteil hochstehend. Eigentlich sah er aus wie ein Flaschenkürbis auf Beinen.

Der Dachs ist der größte unserer heimischen Marder. Er wohnt in unterirdischen Bauen, die er mithilfe seiner langen Klauen an den Vorderpfoten gräbt – bis zu fünf Meter tief und mit mehreren Eingängen versehen. Da Dachse im Familienverband leben, erweitern sie ihre Behausungen von Generation zu Generation. Auf diese Weise wächst das Gängesystem auf eine Länge von mehreren Hundert Metern an und wird jahrzehntelang bewohnt, wenn die Dachse nicht gestört oder vertrieben werden. Als Untermieter dulden sie übrigens den Fuchs. Mit Beginn der Abenddämmerung oder in der Nacht verlassen sie ihren Bau. Vorsichtig nach allen Seiten sichernd, begeben

Lindgrün fügt sich der Laubfrosch in seine Umgebung ein. Zu seinen Lebensräumen gehören Auenwälder, Feuchtwiesen und flache Seen mit Schilf.

Folgende Seiten: Zu Gast aus dem hohen Norden – Blässgänse. Im Winter sieht man die Wildgänse auf Wiesen am Rheinufer bei Wesel.

sie sich auf Futtersuche. Als Allesfresser stöbern sie nach Wurzeln, Beeren und Pilzen, schnappen sich aber auch Würmer, Schnecken, Insekten und Mäuse. Im Frühling, meist im März, kommen die Jungen zur Welt. Ungefähr ab Juni folgen sie ihrer Mutter beim Gang durchs Revier, anfangs noch im Gänsemarsch. Bei den Erkundungsausflügen führt die Dächsin sie gezielt zu ihren Nahrungsgründen und zeigt ihnen zum Beispiel, wie man Regenwürmer fängt. Das erfordert einiges Geschick. Sie unter einer Laubschicht aufzuspüren und mit den Grabepfoten freizulegen ist eine Sache; sie zu packen, ehe sie blitzschnell im Erdreich verschwinden, eine andere.

Über 85 Kilometer zieht sich die Ahr, ein Nebenfluss des Rheins, durch Nordrhein-Westfalen und Rheinland-Pfalz. Hinter Altenahr im mittleren Teil des Ahrtals bildet sie ihre größte Schleife. Das Tal verengt sich beinahe zu einer Schlucht, der Fluss windet sich zwischen steilen Hängen hindurch. Ihrer Flora und Fauna wegen steht die Ahrschleife unter Naturschutz. Die Felswände locken nicht nur Kletterer, sondern seit einigen Jahren auch den Wanderfalken. In den Felshängen lassen sich Brutpaare nieder und ziehen je zwei bis drei Junge pro Saison groß. Der Wanderfalke ist ein in jeder Hinsicht beeindruckender Geselle: Der Raubvogel, dessen Spezialität es ist, Vögel wie Tauben, Krähen, Möwen oder Stare in der Luft zu erbeuten, kann im Sturzflug – kopfunter, mit angelegten Flügeln – angeblich eine Geschwindigkeit von 300 Kilometern pro Stunde oder mehr erreichen. Wenn so ein gefiedertes Geschoss mit Krallen und spitzem Schnabel auf seine Beute trifft, ist diese wahrscheinlich schon vor Schreck halb tot.

Der Felsen-, Steilküsten- und Gebirgsbrüter, der in Deutschland unter anderem wegen des früher in der Landwirtschaft verwendeten Insektengiftes DDT schon fast ausgestorben war, ist bei uns wieder heimisch geworden. Vor allem dank des Einsatzes von Vogelkundlern und Naturschützern, die Nisthilfen anbringen und die Nester bewachen. Inzwischen hat der Wanderfalke weltweit das Stadtleben für sich entdeckt, und nicht einmal Großstädte schrecken ihn, solange er giftfreie Nahrung und in luftiger Höhe ein Plätzchen zur Eiablage findet. Er brütet in Kirch-, Wasser- oder Fernsehtürmen, auf einem Industrie-Schornstein im Hamburger Hafen, an einem Wolkenkratzer in New York. Höhe schützt ihn vor Nesträubern und anderen Störungen, erst recht in unwirtlichen Gegenden. Höhe braucht der Wanderfalke zudem als Ansitz, um bei seinen in der Vogelwelt gefürchteten Sturzflügen auf Höchstgeschwindigkeit beschleunigen zu können.

Wer der Ahr flussaufwärts bis an die Quelle folgt, gelangt ins Ahrgebirge. Dieser waldreiche Mittelgebirgszug, wo die Bundesländer Rheinland-Pfalz und Nordrhein-Westfalen aneinanderstoßen, ist Teil der Eifel, die wiederum zum Rheinischen Schiefergebirge gehört. Mit naturnahen Laubwäldern, Wiesen, bizarr geformten Felsen, klaren Bächen und großen Stauseen steht im Norden der Eifel ein Gebiet als Nationalpark unter Schutz. Es umfasst auch sonnige Steilhänge mit steinigem Untergrund, Feuchtwiesen und die

In Gärten, städtischen Parks und im Wald sieht man es oft: das Eichhörnchen. Die Tiere drehen ihre Hinterpfoten nach außen, wenn sie einen Baumstamm hinunterklettern.

Vorige Seiten: Eine Zweizähnige Dornwanze sitzt auf einem Johannisbeerstrauch. Sie hat eine Raupe erbeutet und beginnt damit, sie auszusaugen.

Ein Dachs nascht von einem Mirabellenbaum. Neben Insekten und Regenwürmern ernährt er sich vor allem im Sommer und Herbst vermehrt von pflanzlicher Kost. Streuobstwiesen wie diese locken nicht nur den Marderverwandten mit dem schwarz-weiß gestreiften Gesicht. Auch Insekten und einer Vielzahl von Singvögeln bieten sie Lebensraum.

Folgende Seiten: Wenn der Dachs nicht durch sein Revier streift und nach Nahrung sucht, verbirgt er sich in unterirdischen Höhlen, die er mithilfe seiner kräftigen Klauen selbst gräbt.

Der Körper des Europäischen Maulwurfs ist vollkommen an die unterirdische Lebensweise angepasst: Die vorderen Gliedmaßen sind als Grabschaufeln ausgebildet, die langen Haare im Gesicht dienen als Tastsinnesorgan. Sein Gangsystem legt der Maulwurf in Wäldern und Wiesen an, aber auch unter Äckern und in Gärten. Er ernährt sich von Insekten.

Der Steinmarder, ursprünglich ein Waldbewohner, ist als Kulturfolger heute auch in Dörfern und Städten zu Hause. In Scheunen oder auf Dachböden schlägt er sein Quartier auf und erkundet von dort aus seine Umgebung – parkende Autos inbegriffen.

Dreiborner Hochfläche mit ihrer offenen Landschaft, die bis 2006 als Truppenübungsplatz genutzt wurde. Jenseits der von Panzerketten umgepflügten Wege konnte sich die Natur daher relativ ungestört entwickeln.

Schätzungsweise 20 Millionen wilde Narzissen wachsen nach Angaben der Nationalparkverwaltung in der Nordeifel. Wenn sie im Frühling erblühen, bieten sie ein besonders schönes Naturschauspiel: Als gelbes Blütenmeer präsentieren sich die Wiesentäler im Monschauer Land und am Fluss Olef bei Hellenthal – untermalt vom Plätschern der Bäche, die die Magerwiesen entlang der Ufer mit den notwendigen Nährstoffen versorgen. Die ersten Pflanzen öffnen ihre Blüten schon im März, wenn es noch sehr kalt ist. Von Mitte April bis Anfang Mai erblühen nach und nach immer mehr Narzissen, zusammen mit dem Buschwindröschen *Anemone nemorosa*.

Einige Wochen später, im Sommer, duften dort Wildkräuter, und blühende Bärwurz überzieht die Wiesen mit einem weißen Schleier. Die Pflanzen bieten Deckung für Rehe und Hirsche, die sich mit ihren Kitzen zum Äsen aus den angrenzenden Wäldern herauswagen. Im Herbst kann man dort die Brunftrufe der Rothirsche hören. Dann ist Paarungszeit, und die bis dahin friedlich in eigenen Gruppen zusammenlebenden Männchen werden zu Rivalen, die einander röhrend einschüchtern und gleichzeitig den Weibchen imponieren wollen. Solch ein Geweihträger kann 250 Kilogramm schwer werden, was dem Brünftigen als Resonanzkörper durchaus Vorteile bringt. Hirschkühe bilden kein Geweih und leben mit ihren Kälbern in eigenen Rudeln, die jeweils von einer Leitkuh angeführt werden. Ursprünglich ist der oft als „König des Waldes" bezeichnete Rothirsch ein Bewohner offener Landschaften, der über weite Strecken wandern würde, wenn ihn nicht Straßen, Dörfer, Städte und Gewerbegebiete daran hinderten. Rund 20 Kilogramm Pflanzennahrung futtert der Wiederkäuer am Tag, vor allem Gras. Er frisst aber auch Kräuter, Blätter, Knospen, Eicheln, Kastanien, Bucheckern oder Ackerfrüchte. Wenn das Futter knapp wird, beginnt er die Rinde von den Bäumen zu schälen.

Für den Rothirsch ist das Leben im Wald eher eine Verlegenheitslösung, für die Wildkatze ist es eine Existenzbedingung: Sie braucht möglichst große, unzerschnittene Wälder. In den Laubwäldern der Eifel, im Hunsrück, im Taunus und im Pfälzerwald ist sie wieder heimisch geworden. In der Nordeifel gibt es die größte Population in Deutschland; allein im Nationalpark Eifel wurden rund 50 Wildkatzen gezählt. Das länderübergreifende Eifel-Ardennen-Gebiet beherbergt mit etwa 1000 Exemplaren die größte Population Mitteleuropas. Die Europäische Wildkatze ist eine Unterart der Wildkatze, ebenso wie die Falbkatze, aus der im Lauf einer langen Entwicklung schließlich die Hauskatzen hervorgegangen sind.

Anders als unsere domestizierten Katzen ist die Wildkatze extrem menschenscheu. Um Siedlungen macht sie einen großen Bogen. Deshalb legen diese Tiere in ihrem Lebensraum weite Strecken zurück. Wie groß

In Nordrhein-Westfalen hat sich wieder eine stabile Wanderfalken-Brutpopulation etabliert. Ein schöner Erfolg, der auf den unermüdlichen Einsatz von Naturschützern zurückgeht.

Abendstimmung im Winter: Wie mit Puderzucker bestäubt wirken die kahlen Bäume im Schnee.

Das Hermelin, auch Großes Wiesel genannt, ist im weißen Pelz perfekt an seine Umgebung angepasst. Nur die Schwanzspitze ist schwarz. Im Sommer ist sein Fell auf der Oberseite braun gefärbt.

Eine Wildkatze ist kein Schmusetier – auch wenn sie unserer Hauskatze auf den ersten Blick ähnlich sieht. Wildkatzen lassen sich nicht zähmen!

Die Kohlmeise kennt wohl jeder, ob aus dem Garten oder dem Stadtpark. Aber eigentlich lebt sie im Wald. Sie ist kein Zugvogel und fliegt im Winter nicht in den Süden.

das Streifgebiet der Mäusefänger ist, hängt von verschiedenen Faktoren ab: vom Beuteangebot, von der Jahreszeit und vom Geschlecht. Männliche Wildkatzen durchstreifen mit bis zu 4000 Hektar ein viel größeres Areal als Weibchen, denen 200 bis 1100 Hektar genügen. Auch individuelle Vorlieben spielen eine Rolle. Aus Beobachtungen in Gefangenschaft weiß man, dass Wildkatzen ebenso ausgeprägte Persönlichkeiten sein können wie die mit dem Menschen zusammenlebenden Hausgenossen. Die Wildkatze ist auf der Roten Liste Deutschlands als stark gefährdet eingestuft und gehört zu den seltensten heimischen Säugetieren. Bei ihren weitläufigen Wanderungen wird ihr oft das dichte Straßennetz zum Verhängnis: Kollisionen mit Autos gehören zu den häufigeren Todesursachen. Dazu kommen Fehlabschüsse und Fallenfang. Natürliche Feinde hat die erwachsene Wildkatze nicht. Selbst ein Wolf würde ihr nicht gezielt nachstellen. Unbeaufsichtigte Jungtiere können aber einem Fuchs, Marder oder Hermelin zum Opfer fallen.

Neben der Wildkatze gibt es ein weiteres Tier, dass in dieser Region wieder Fuß gefasst hat: der Europäische Biber, das größte heimische Nagetier, halb im Wasser, halb an Land lebend. In der Eifel war er schon ausgestorben, wie in den meisten Regionen Westdeutschlands vor der Wiedervereinigung. Anfang der 80er-Jahre setzte die Landesforstverwaltung von Nordrhein-Westfalen einige Biber aus Polen im Hürtgenwald aus, 15 Kilometer südöstlich von Aachen. Von dort aus begannen die Tiere die Eifel wieder zu besiedeln. Im Nationalpark Eifel ist er das einzige Lebewesen, das Laubbäume fällen darf, denn diese stehen unter Schutz. Große Bäume fällt er ohnehin kaum – es sind eher junge Weichholzgewächse wie Weiden, Erlen und Pappeln, Birke und Haselnuss.

Ebenfalls teils im Wasser, teils an Land lebt der knallgrüne Europäische Laubfrosch. Er ist der einzige Baumbewohner unter den Amphibien in Europa; am Tag hockt er oft hoch über dem Boden auf Blättern oder Ästen. Das Klettern fällt ihm dank zahlreicher Saugnäpfe an Finger- und Zehenspitzen leicht, er kann sogar senkrechte Glaswände erklimmen. Gern nimmt er ausgiebige Sonnenbäder, obwohl er als Lurch seine Haut vor Austrocknung schützen muss. Dabei hilft ihm die grün schillernde Farbe, die nicht nur der Tarnung dient, sondern auch einen Teil des Sonnenlichts reflektiert. An sonnenreichen Hecken- und Waldrändern, zumal mit Blütenpflanzen, summt es meist vielstimmig, und wo Insekten sind, kann der Laubfrosch reiche Beute machen. Dann schleudert er seine Zunge zum Fang heraus. Das vielleicht Erstaunlichste an Fröschen sind ihre eigenwilligen Konzerte, die früher in jedem Dorf mit einem Weiher eine Selbstverständlichkeit waren. Heute sind sie nicht mehr so häufig zu hören, und wenn, empfindet nicht jeder sie als Bereicherung. Das Gequake der Männchen, die im Frühling und Frühsommer lautstark nach den Weibchen rufen, hat bereits den Bundesgerichtshof beschäftigt. Immerhin: Er erklärte die Liebesarien der kleinen Tümpeltenöre zum «nicht entschädigungspflichtigen Lärm».

Die Feldmaus muss sich in Acht nehmen – nicht nur die Wildkatze, auch viele andere Räuber stellen ihr nach.

Vorige Seiten: Die Jungen der Wildkatze kommen überwiegend im Frühjahr zur Welt. In einer Hinsicht unterscheiden sie sich nicht vom Nachwuchs der Hauskatze: Sie sind ebenso verspielt.

Der etwa acht bis zehn Zentimeter große Steinkrebs ist die kleinste einheimische Krebsart. Er lebt in sauberen Bächen mit kiesig-steinigem Untergrund. Hier gräbt er sich unter Steinen eine Höhle.

Auch im Trüben zu Hause: Moderlieschen. Die geselligen Schwarmfische kommen in Weihern, Seen und langsam fließenden Gewässern vor. Sie ernähren sich von Insekten, Wasserflöhen und Algen.

Folgende Seiten: Der Flussbarsch findet sich überall in Europa. Typisch ist die rötliche Färbung der Brust- und Bauchflossen. Als Raubfisch frisst er kleine Fische, zum Beispiel Moderlieschen.

Seiten 154/155: Wie Schattenrisse im Sonnenuntergang – Blässgänse am Niederrhein.

FLEDERMÄUSE
PER ULTRASCHALL DURCH DIE NACHT

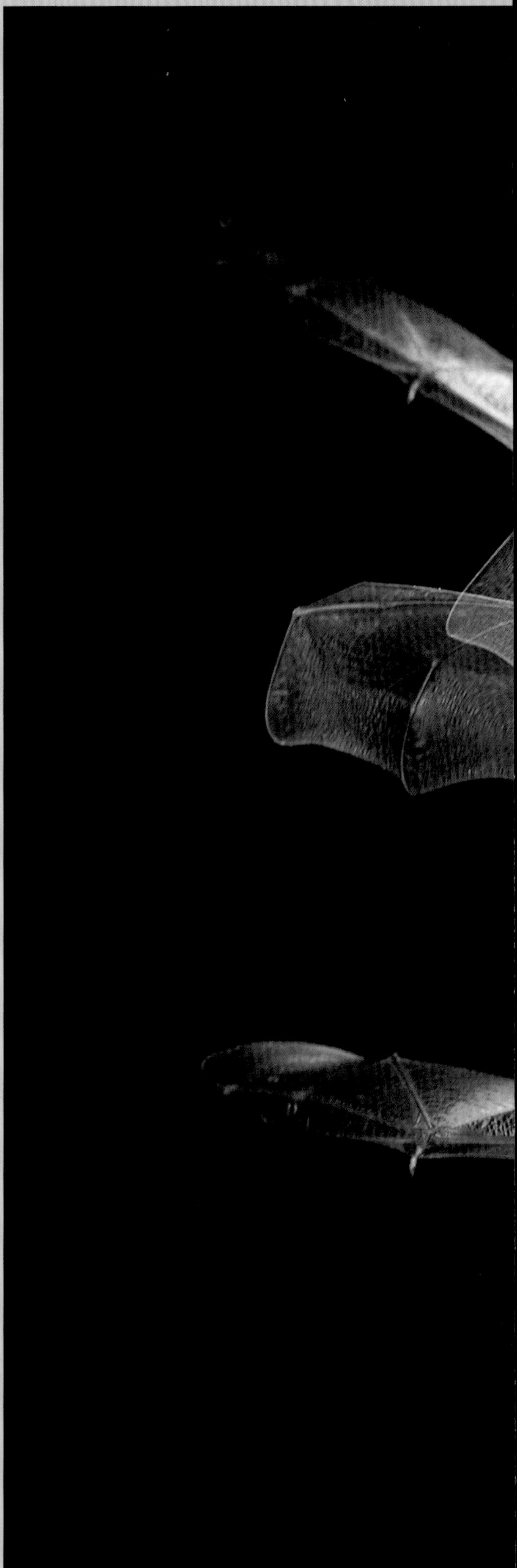

Zu den Streifgebieten meiner Kindheit gehörte der Nord-Ostsee-Kanal am Fuße der Levensauer Hochbrücke. Dort planschten meine Spielkameraden und ich mit Vorliebe im Wasser oder erkundeten das meterhohe Gestrüpp neben einem der Brückenpfeiler. In diesem Pfeiler befand sich eine rätselhafte Tür. Eines Tages konnten wir der Versuchung nicht widerstehen, herauszubekommen, was sich hinter der alten Tür verbirgt. Mit vereinten Kräften stemmten wir sie auf. Das Knarren, das sie dabei von sich gab, erinnerte uns an die englischen Spukschlösser aus den Kinderbüchern, die wir damals lasen. Wir blickten in eine Finsternis, aus der es muffig roch. Vorsichtig tasteten wir uns hinein. Plötzlich – ein Flattergeräusch! Erschrocken sprangen wir zurück. Dunkle Schatten sausten über unsere Köpfe hinweg und verschwanden im Gestrüpp. Schwarze Gespenster?

«Fledermäuse», sagte die Mutter am Abend.

«Aber Mäuse können doch gar nicht fliegen?»

Trotz ihres bisweilen mausähnlichen Kopfes haben Fledermäuse mit Nagetieren nicht viel gemeinsam. Zusammen mit den Flughunden bilden sie die Ordnung der Fledertiere und sind die einzigen Säugetiere, die aktiv fliegen können. Dies ermöglichen Flughäute, die sich unter anderem von den Hand- bis zu den Fußgelenken spannen. Damals konnte ich wirklich nicht ahnen, welche Bedeutung das geheimnisumwitterte Gemäuer am Nord-Ostsee-Kanal einmal für den Fledermausschutz haben würde. «Die Gewölbe zu beiden Seiten der Levensauer Hochbrücke sind nach der Kalkberghöhle in Bad Segeberg das größte Winterquartier für Fledermäuse in Deutschland», sagt der Fledermausexperte Karl Kugelschafter, der genau in jenem Brückenpfeiler inzwischen seine Forschungsstation eingerichtet hat.

7000 bis 8000 Fledermäuse überwintern jedes Jahr in den beiden 15 Meter hohen Hallen der Brückenköpfe. Diese halten den 160 Meter langen Brückenbogen, der sich über den Kanal spannt. Das Bauwerk wurde 1894 von Kaiser Wilhelm II. feierlich eingeweiht. Acht Fledermausarten konnten Kugelschafter und seine Kollegen dort nachweisen. Sie installierten eine spezielle Fledermaus-Lichtschranke und eine Digitalkamera, um die ein- und ausfliegenden Flatterwesen zu registrieren. Neben dem Großen Abendsegler überwintern dort die Zwergfledermaus, die Mücken-, Fransen- und Wasserfledermaus, die Teich- und die Breitflügelfledermaus. Und auch das Braune Langohr, das tatsächlich durch seine langen Ohren auffällt, gibt es hier,

In der Dunkelheit orientieren sich Fledermäuse, indem sie Ultraschalllaute ausstoßen, die von Objekten reflektiert werden. Mithilfe dieser Echoortung entdecken sie ihre Beute. Hier sieht man eine Große Hufeisennase, die einen Nachtfalter fängt.

Seiten 156/157: Fledermäuse sind die einzigen Säugetiere, die fliegen können. Sehr schön sieht man das auf diesem Bild, das eine Kleine Hufeisennase in Mehrfachbelichtung zeigt.

Vorige Seiten: Nach dem Winterschlaf versammeln sich die Weibchen in „Wochenstuben", wo sie ihre Jungen zur Welt bringen und gemeinsam großziehen. Hier eine Wochenstube von Großen Mausohren.

Oben links: Die Fellzeichnung der Zweifarbfledermaus ist sehr kontrastreich. Eigentlich besiedelt sie felsige Wälder. Als Ersatz dienen inzwischen aber auch Gebäude.

Oben rechts: Die Bechsteinfledermaus bevorzugt große Laub- und Mischwälder mit einem hohen Anteil an altem Holz. Als Wochenstuben nutzen die Weibchen gern Spechthöhlen.

Rechte Seite: Das Braune Langohr macht seinem Namen alle Ehre. Seine Ohren sind mit vier Zentimetern beinahe so lang wie der Körper, der etwa fünf Zentimeter misst. Hier ein Exemplar beim Wassertrinken.

wenngleich bislang nur vereinzelte Exemplare entdeckt wurden. Vom Großen Abendsegler finden sich mehr als 1000 Tiere. Die Zwergfledermaus ist die zurzeit vorherrschende Art.

Fledermäuse orientieren sich im Dunkeln über Ultraschalllaute und ernähren sich meist von Insekten, die sie in der Luft erbeuten. Ungewöhnlich ist das Fortpflanzungsverhalten. Bei den heimischen Arten besetzen die Männchen ein Paarungsquartier, das die Weibchen je nach Laune aufsuchen. Manche bleiben nur kurz, andere verweilen länger. Es kann auch sein, dass ein Weibchen mehrere Männchen in deren Quartieren aufsucht. Das Weibchen speichert das Sperma bis zum Ende des Winterschlafs, was einige Monate dauern kann; erst nach dem Aufwachen findet die Befruchtung statt. Die Tragzeit hängt vom Nahrungsangebot ab und schwankt zwischen sechs und zehn Wochen. Die Geburtenrate ist für ein so kleines Säugetier überraschend gering: Bei vielen Arten bringen die Weibchen nur ein Junges pro Jahr zur Welt, bei anderen zwei oder gar keins.

In Deutschland kommen rund 25 Fledermausarten vor, mindestens 15 davon auch in Schleswig-Holstein. Im August schwärmen sie zu Hunderten um die Alte Levensauer Hochbrücke, bevor sie ihr Winterquartier beziehen. Dieses einmalige Naturereignis wird vom NABU und dem Wildbiologen Karl Kugelschafter alljährlich als „Levensauer Fledermausnacht" gefeiert. Hier ist jeder willkommen, der sich für die „schwarzen Gespenster" interessiert.

SÜDWESTEN

WO REH UND MARDER WOHNEN

Ein Storch stelzt durch den Wiesengrund im Wonnemonat Mai. Bis zur Brust versinkt er im Gras, das mit gelben Blüten übersät ist. Am Himmel kreisen Rotmilane und ein Schwarzmilan. Das saftige Grün der Wiese zieht sich die Hügel hinauf, hinter denen dicht bewaldete Bergkuppen aufragen. Im Frühling herrscht im südlichen Schwarzwald ein reizvoller Kontrast zwischen dem lichten Grün der Buchen, die ihre Blätter gerade erst entrollt haben, und dem sehr dunklen Grün der Tannen. Fast schwarz wirken sie, so wie der Name des Waldes schon sagt, der auf die Römer zurückgehen soll: *silva nigra*. Mit langem Schnabel stochert der Storch nach Nahrung, was beinahe so aussieht, als würde er mit Stäbchen essen. Als er genug hat, kehrt er in elegantem Segelflug zum Nest zurück, wo seine Partnerin ihn mit freudigem Klappern begrüßt. Als Zeichen der Zuneigung gibt es eine Massage mit der Schnabelspitze, vorsichtig an Kopf und Hals entlang.

Mehr als nur einen Storch und jede Menge Greife kann man beobachten, wenn man dem schmalen Band der Landstraße durch den Naturpark Südschwarzwald folgt. Wiesentäler wechseln mit Wald, Äckern und Feldern, auf denen morgens Fasane nach Futter suchen. Ihr braunes Gefieder verschwimmt mit dem Braun der Ackerkrume; man muss schon genau hingucken, um die großen Vögel zu entdecken. Ein Eichelhäher kreuzt im Tiefflug die Straße, die immer wieder durch urige Dörfer führt. Alte Gehöfte und Fachwerkhäuser gruppieren sich um eine Kirche, auf der nicht selten ein Storchennest thront. Oder es nisten Turmfalken in ihrem Gebälk – ganz wie früher, als wäre die Zeit stehen geblieben.

Im südlichen Schwarzwald brütet der Pirol, ein seltener Singvogel, der trotz seines quittegelben Gefieders und einer Größe von rund 20 Zentimetern nicht so einfach zu sehen ist. Er bevorzugt die Wipfel hoher Bäume, Laubbäume vor allem, und ist in Auen- und Bruchwäldern zu Hause. Aber auch Streuobstwiesen, Parks, große Gärten und Friedhöfe meidet er nicht, solange er dort hohe Bäume vorfindet. Pirole gehören zu einer Familie, deren weitere Arten in den Tropen Afrikas, Asiens und Australiens leben. Sie ernähren sich überwiegend von Insekten. Je nach Saison picken sie auch an Beeren und Kirschen. Im Herbst verlassen sie schließlich ihre Brutgebiete, um in der südlichen Hälfte des afrikanischen Kontinents zu überwintern.

Während die einen wegziehen, sind andere auf der Durchreise: etwa die Bergfinken. Von Skandinavien kommend legen die Verwandten der Buchfinken im Schwarzwald eine Rast ein. In riesigen Schwärmen rücken sie an, was ein spektakuläres Naturschauspiel ergibt. Rund vier Millionen Bergfinken, so schätzt der NABU Baden-Württemberg, hielten sich im Winter 2009/2010 im Lindauer Tal auf. Ein Gezwitscher aus Tausenden von Kehlen erfüllte die Luft; zu Tausenden saßen die Vögel in den Bäumen – was bei entblätterten Laubbäumen so aussah, als wären sie über und über mit orange-weißen Blüten bedeckt. Und die Finken beeindruckten die angereisten Ornithologen mit ihren am Himmel synchron ausgeführten Flugmanövern.

Im Januar 2012 versammelten sich die Bergfinken in der Nähe von Tübingen. Auf bis zu fünf Millionen Tiere schätzte sie Nils Anthes, Evolutionsbiologe an der Universität Tübingen. Wie das Rauschen eines Wasserfalls klang der Flügelschlag der kleinen Vögel, als sie am späten Nachmittag herbeigeflogen kamen, um sich auf den winterkahlen Buchen des Goldersbachtals im Naturpark Schönbuch einen Schlafplatz zu suchen. Es war die „Buchenmast", die so viele Bergfinken angelockt hatte; die Bäume hatten zuvor besonders reichlich Früchte abgeworfen: Dicke Teppiche aus Bucheckern überzogen den Waldboden. Die hohe Finkendichte sorgte dafür, dass auch für Greifvögel der Tisch reichlich gedeckt war. Sperber, Wanderfalken und Habichte freuten sich über fette Beute.

In den Wäldern des südlichen Schwarzwalds leben Rothirsche, Rehe, Wildschweine und Gämsen, aber auch die vom Aussterben bedrohten Hasel-

Drei hungrige Mäulchen fordern Nachschub: Ein Pirol-Männchen mit seinem prächtigen gelb-schwarzen Gefieder hat gerade die Brut versorgt. Aber offenbar sind die Kleinen noch nicht satt.

Folgende Seiten: Sonnenstrahlen durchdringen einen dichten Wald auf der Schwäbischen Alb.

und Auerhühner. Seltene Vögel wie der Dreizehenspecht und der Sperlingskauz – die kleinste einheimische Eulenart – sind hier ebenfalls zu Hause. Die Wildkatze und der Uhu, die in dieser Region bereits ausgestorben waren, sind zurückgekehrt. Der Wechsel zwischen naturnahen Wäldern, Felsengebieten, Mooren sowie Feucht- und Nasswiesen macht diese Landschaft zu einem Refugium für Pflanzen und Tiere, die nicht nur in Deutschland, sondern in ganz Mitteleuropa selten geworden sind. Vereinzelt lässt sich auch der Luchs wieder blicken. Und vielleicht sogar bald der Wolf? Im Mai 2012 wurde er hier angeblich schon gesichtet, was der NABU-Landesvorsitzende Andre Baumann so kommentierte: «Baden-Württemberg ist „Wolf-Erwartungsland". Es ist nur eine Frage der Zeit, bis der erste Wolf wieder im Ländle umherstreift. Er ist hier willkommen.» Auch der Landesjagdverband begrüßt die Rückkehr der Wölfe. «Unsere Wildarten werden mit dem Wolf zurechtkommen, wenn wir das Management anpassen», erklärt Landesjägermeister Dieter Deuschle. «Wichtig ist, dass sich das Wild und die Wölfe ihren Lebensraum selbst suchen dürfen, auch der Rothirsch zum Beispiel.»

Dann müsste das Reh ebenfalls auf der Hut sein. Es ist das am häufigsten vorkommende Huftier in Deutschland und unsere kleinste Hirschart. Ursprünglich ein Bewohner dichter Wälder, hat es sich zum Kulturfolger gewandelt, der nun als Grenzgänger zwischen Wald, Wiesen und Feldern umherzieht, vor allem wenn diese gesäumt sind von Deckung bietenden Hecken. Zwar lebt das sprichwörtlich scheue Tier zurückgezogen, ist aber im ganzen Land (und in vielen Teilen Europas) vertreten. Das Reh ist kleiner und leichter als der Rothirsch und ernährt sich wie dieser rein pflanzlich: von Gräsern und Kräutern, Blatttrieben und Knospen, Feld- und Waldfrüchten.

Wer vom Reh spricht, denkt unweigerlich an „Bambi", Walt Disneys weiß getupftes Kitz mit den großen, schwarz glänzenden Augen. Die Vorlage zu diesem Klassiker stammt allerdings aus Österreich und handelt von einer Rehfamilie. Da es in den Vereinigten Staaten keine Rehe gibt, wurden sie in der amerikanischen Übersetzung in Weißwedelhirsche verwandelt, die dort häufig vorkommen. Als der gleichnamige Zeichentrickfilm in den 50er-Jahren in die deutschen Kinos kam, wurde Bambi in der synchronisierten Fassung zwar wieder zum Reh, als Filmvater sah man jedoch einen Weißwedelhirsch. Das führte zu der früher weit verbreiteten Auffassung, Reh und Hirsch gehörten zusammen wie „Mann und Frau", seien also Weibchen und Männchen derselben Art. Aber beim Reh bilden Ricke und Rehbock ein Paar, und die Partnerin des Hirsches ist die Hirschkuh.

Östlich des Schwarzwalds erstreckt sich eine bemerkenswert abwechslungsreiche Kulturlandschaft, die seit Mai 2009 auch Unesco-Biosphärenreservat ist: die Schwäbische Alb. Als Herzstück gilt der ehemalige Truppenübungsplatz Münsinger Hardt, ein 65 Quadratkilometer großes, unzerschnittenes Gebiet ohne Hochspannungstrassen und Siedlungen. Mehr als 100 Jahre ausschließlich dem Militär zugänglich – und den Schafen, die ihren Dienst

Ein Baum mit weiß-roten Blüten? Es sind Bergfinken, die in großen Schwärmen leben und sich gemeinsam einen Schlafplatz suchen.

Vorige Seiten: Porträt eines Rehbocks. Das Reh ist kleiner und leichter als der Rothirsch und unsere kleinste Hirschart.

Ein Baummarder tollt im Schwarzwald durch den Schnee. Der kleine Räuber stellt Mäusen oder Eichhörnchen nach, im Frühling auch Jungvögeln. Er plündert zudem Nester und macht sich über die Eier her. Im Sommer kommen Beeren hinzu, im Herbst Pilze.

Folgende Seiten: Fast scheint er zu fliegen – Baummarder sind nicht nur geübte Kletterer, sie springen auch von Ast zu Ast, wobei sie mühelos mehrere Meter überwinden.

als Beweider versahen –, hat sich hier ein Landschaftsbild erhalten, wie es am Ende des 19. und zu Beginn des 20. Jahrhunderts typisch war: eine parkähnliche Hudelandschaft mit prächtigen alten Weidebäumen, die bis zu 250 Jahre alt sein sollen.

Große Schafherden weiden hier, und es herrscht eine fast andächtige Stille – als befände man sich in einem historischen Landschaftsgemälde. Es duftet nach Wildkräutern wie Thymian und Majoran, die weite Flächen überziehen und als Nahrung für Schmetterlinge wichtig sind. Durch den selektiven Verbiss der Schafe entstehen Kalkmagerweiden mit seltenen Tier- und Pflanzenarten, die andernorts längst verschwunden sind: Frühlingsenzian, Gemeines Katzenpfötchen und Mondraute. Selbst das Wüten der Panzerketten hat sich hier positiv ausgewirkt. Die Fahrspuren sind schon wieder bewachsen, und die zurückgebliebenen Unebenheiten erweisen sich als ideal für Vögel wie die stark gefährdete Heidelerche oder den vom Aussterben bedrohten Steinschmätzer. Auch der seltene Gebirgsgrashüpfer kommt hier vor. An anderen Stellen haben die schweren Kettenfahrzeuge Mulden hinterlassen, in denen sich Regenwasser sammelt. So entstehen Habitate für bedrohte Tiere wie die Kreuzkröte oder die Plattbauchlibelle.

Die Wälder der Schwäbischen Alb findet offenbar auch die Wildkatze attraktiv. Nach Angaben des Bundes für Umwelt- und Naturschutz (BUND) sind dort bereits einige Exemplare gesichtet worden. Der BUND hat vorgeschlagen, die Lebensräume Schwäbische Alb und Schwarzwald im Landkreis Böblingen über einen Baumkorridor miteinander zu verbinden, der drei Kilometer lang und 50 Meter breit sein soll. «Normalerweise gehen die männlichen Jungtiere im Alter von sechs bis acht Monaten auf Wanderschaft, um sich ein eigenes Revier zu suchen», erklären die Naturschützer. «Doch fast immer versperren ihnen Straßen oder andere Hindernisse den Weg. Viele der jungen Wildkatzen-Männchen fallen dem Straßenverkehr zum Opfer.» Über den grünen Korridor könnten die scheuen Tiere gefahrlos wandern. Und sie könnten sich auf diese Weise auch genetisch austauschen.

Zu den im Verborgenen lebenden Waldbewohnern gehört auch der Baummarder. Er bevorzugt große Wälder mit alten Bäumen, auf denen er sich kletternd und springend fortbewegt. Tagsüber sucht er in Baumhöhlen Unterschlupf, in Eichhörnchenkobeln oder Vogelnestern. Der kleinere Verwandte des Steinmarders meidet im Gegensatz zu diesem Dörfer und Städte. (Es kann aber durchaus sein, dass er diese Scheu irgendwann verliert. In am Waldrand gelegene Gärten wagen sich einzelne Tiere manchmal vor.) Nachts geht der Baummarder auf Beutefang; er frisst vor allem Mäuse, aber auch Vögel, Eier, Insekten oder Aas. Der einzige Raubfeind, der ihm derzeit gefährlich werden könnte, ist der Fuchs. Luchs, Adler und Uhu spielen dagegen kaum noch eine nennenswerte Rolle.

Ich hatte einmal die Gelegenheit, beide Marderarten sozusagen persönlich kennenzulernen, und war verblüfft über ihre gegensätzlichen

Wechselspiel von Licht und Schatten in einer Hainbuchenallee bei Laupheim in Oberschwaben.

Vorige Seiten: Ein Höckerschwan mit seinen Jungen. Er bevorzugt pflanzenreiche Gewässer wie Seen und Teiche.

Der Drosselrohrsänger lebt an den Ufern von Seen, Teichen oder Flüssen, die dicht mit Schilf oder Rohrkolben bewachsen sind. Der Singvogel ernährt sich von Insekten, Spinnen und Weichtieren.

Der Bienenfresser gehört zu den farbenprächtigsten Vögeln in Europa und ist mit dem Eisvogel verwandt. In Deutschland galt er zeitweise als ausgestorben, aber seit Anfang der 90er-Jahre siedelt er wieder am Kaiserstuhl.

Folgende Seiten: Flink ist die Zauneidechse – wenn sie sich nicht gerade auf Steinen sonnt. Sie jagt Fliegen, Spinnen oder Würmer.

Wesenszüge. Auf dem Dachboden des Wildbiologen Karl Kugelschafter gingen zwei junge Steinmarder ein und aus. Es handelte sich um Waisen, die seine Frau und er mit der Flasche aufgezogen hatten. Die beiden Marderweibchen wurden bewusst nicht an den Menschen gewöhnt, da sie in die freie Wildbahn zurückkehren sollten. Das taten sie schließlich auch. (Die „freie Wildbahn" schließt beim Steinmarder bekanntlich auch Häuser und Autos mit ein.) Ich beschloss, einen Selbstversuch zu unternehmen, begab mich in die Dachkammer der Zieheltern und wartete, was passieren würde.

Zuerst geschah gar nichts. Steinmarder sind sehr scheu, sehr vorsichtig, aber auch – sehr neugierig! Nach einer Weile merkte ich, dass ich beobachtet wurde. Zwei braune Köpfchen mit Knopfaugen spähten hinter einem Balken nahe der Dachluke hervor. Ich hatte mich inzwischen auf einer alten Matratze ausgestreckt und tat nichts, außer gucken. Ein fremdes Wesen in ihrem Revier, noch dazu in objekthafter Starre! Das schien sie ebenso zu irritieren wie es ihre Neugier reizte. Irgendwann trauten sie sich hinter dem Dachbalken hervor und näherten sich langsam an – zentimeterweise. Ohne mich auch nur einen Moment aus den Augen zu lassen, schlichen sie sich auf dem oberen Querbalken heran, immer an der Wand entlang. Eines der Tiere sprang schließlich auf den Boden und bewegte sich, immer noch äußerst vorsichtig, in meine Richtung. Die Fähe stützte sich mit den Vorderpfoten auf das untere Ende der Matratze, wo meine Füße lagen. Neugierig berührte sie meinen großen Zeh mit der Schnauze und nahm ihn schließlich, da ich mich immer noch nicht rührte, ins Maul. Da spürte ich ihre Zähnchen – der für Steinmarder typische Erkundungsbiss. Obwohl es nicht wehtat, konnte ich den Zuckreflex nicht unterdrücken. Beide Marder erschraken und flohen blitzartig.

Eine gute Dreiviertelstunde hatte diese Annäherung der Steinmarder gedauert. Beim Baummarder dauerte sie nur wenige Sekunden. Karl Kugelschafter nahm mich mit in das Mardergehege der Universität Gießen, wo Baummarder für Verhaltensstudien gehalten wurden. Zuerst sah ich nur Bäume. Aber ich hatte die Tür noch nicht geschlossen, als plötzlich wie aus dem Nichts ein bärchenhaftes Geschöpf mit behaarten Fußsohlen herbeigesprungen kam. Beinahe fliegend landete es auf meiner linken Schulter, wand seinen Körper hinter meinem Kopf um meinen Nacken und schob mir von rechts neugierig seinen Pelzkopf vors Gesicht. Keine Spur von Distanz! Auch wenn das in freier Wildbahn nicht passiert wäre, zeigen diese Erlebnisse, wie „unbekümmert" der Baummarder im Vergleich zum „übervorsichtigen" Steinmarder ist. «Unsere Experimente haben gezeigt», erklärt Karl Kugelschafter, «wenn der Baummarder etwas Neues sieht, was ihn interessiert, dann geht er einfach hin und guckt, was das ist. Der Steinmarder nähert sich einem fremden Gegenstand nur mit äußerster Vorsicht.»

Die Oberseite der Gelbbauchunke, auch Bergunke genannt, ist unscheinbar braun. Die Bauchseite dagegen weist eine leuchtend gelbe Warnfärbung auf. Dieses Zeichnungsmuster ist bei jedem Tier verschieden.

Vorige Seiten: Der blau-schwarz schillernde Alpenbock gehört zu den auffälligsten heimischen Insekten. Der Bockkäfer mit den langen Antennen lebt in den Buchenwäldern der Kalkgebirge, auch außerhalb der namengebenden Alpen. Seine Larven entwickeln sich im Totholz.

Die recht kleine Schlingnatter liebt Trockenheit und Wärme. Im Schwarzwald lebt sie in Höhenlagen bis zu 1100 Metern. Ihr Name geht darauf zurück, dass sie größere Beutetiere umschlingt und erstickt, bevor sie sie frisst. Harmlos ist diese ungiftige Schlange dagegen für den Menschen.

Das Gute liegt so nah: Auch eine Schnecke kann für einen Igel ein Leckerbissen sein. Ansonsten ernährt er sich von Regenwürmern, Spinnen oder Käfern.

Folgende Seiten: Im Frühjahr paaren sich die Berg- oder Alpenmolche. Dann färben sich die Männchen prächtig blau.

Seiten 194/195: Der untergehende Mond über einer Streuobstwiese auf der Schwäbischen Alb.

SCHMETTERLINGE
ZERBRECHLICHE SCHÖNHEIT

Zart und zerbrechlich tanzen sie durch die Lüfte, wie Elfen in leuchtend bunten Kleidern. Schmetterlinge bezaubern wohl jeden, der sie über einer Blumenwiese oder im eigenen Garten flattern sieht – die Flügel wie mit bizarren Mustern bemalt, als wären sie abstrakte Kunstwerke. In der Antike waren Schmetterlinge ein Sinnbild für die Seele. Kein Wunder, dass sich Künstler und Forscher gleichermaßen zu diesen Wesen hingezogen fühlten, die aus schillerndem Blütenstaub zu bestehen scheinen.

In Deutschland gibt es rund 3700 Arten von Schmetterlingen. Die meisten von ihnen sind nachtaktiv. Sie orientieren sich am Duft der Blüten, die erst in der Nacht ihr volles Aroma entfalten. Die Tagfalter machen mit etwa 170 Arten eine relativ kleine Gruppe aus – aber sie sind diejenigen, die wir mit dem Namen „Schmetterling" verbinden. Sie brauchen Sonne, Wärme und blühende Wiesen. Schmetterlinge besitzen einen Rüssel, der meist zusammengerollt ist und den sie nur bei Bedarf entrollen, etwa um Nektar zu saugen. Und wenn sie so von einer Blüte zur nächsten gaukeln, tragen sie nebenbei zur Bestäubung bei. Damit erfüllen sie eine wichtige Funktion im Haushalt der Natur. Und das taten sie schon in grauer Vorzeit: Die Entwicklung der Schmetterlinge in der Evolution ist eng mit der von Blütenpflanzen verbunden und begann in der Kreidezeit.

Schmetterlinge gehören zu den Insekten und sind nach den Käfern die zweitgrößte Insektenordnung im Tierreich. Wie Käfer machen sie eine Metamorphose durch: die Umwandlung der Raupe über die Puppe zum Falter. So verschieden, wie diese Entwicklungsstadien sind – im Aussehen wie im Verhalten –, wusste früher kaum jemand, dass es sich jeweils um ein- und dieselbe Tierart handelt. Eine Wegbereiterin dieser Erkenntnis war Maria Sibylla Merian, Naturforscherin und Künstlerin, mit ihrem im Jahr 1679 erschienenen Werk „Der Raupen wunderbare Verwandlung und sonderbare Blumennahrung".

In Raupenform – als Larve also – befindet sich der Schmetterling vor allem im Fressstadium. Bei einigen Arten wie dem Kleinen Nachtpfauenauge oder den „Glucken" ist dies sogar die einzige Phase, in der Nahrung aufgenommen wird. Manche Raupen sind auf die Blätter bestimmter Futterpflanzen spezialisiert – die des Schwalbenschwanzes zum Beispiel auf die Wilde Möhre oder auf Petersilie. Daher legen die Falterweibchen ihre Eier gleich auf jenen Pflanzen ab, von denen sich ihre Nachkommen ernähren

Blütenpflanzen und Schmetterlinge gehören zusammen wie Sommer und Sonne: ein Schachbrettfalter auf einer Türkenbundlilie.

Rechte Seite: Der Kaisermantel lebt am Waldrand. Man sieht ihn zum Beispiel auf Wegen oder Lichtungen herumflattern.

Vorige Seiten: Der auffallend große Segelfalter fliegt tatsächlich segelnd dahin. Er liebt es warm und trocken, mag blühende Kalkmagerwiesen und Obstgärten.

Linke Seite: Die Kupferglucke gehört zu den Nachtfaltern. Sie lebt in Auenwäldern oder am Rand anderer lichter Wälder. Die Raupen ernähren sich beispielsweise von Schlehen und Faulbäumen.

Oben links: Das Taubenschwänzchen heißt wegen seines schnellen Flügelschlags auch Kolibrifalter. Eigentlich nachtaktiv, sieht man es aber auch tagsüber, wenn es schwirrend von Blüte zu Blüte fliegt.

Oben rechts: Sieht einem Schmetterling ähnlich, ist aber keiner – der Libellen-Schmetterlingshaft gehört in die Familie der Netzflügler, zu der auch die bekannten Ameisenjungfern zählen.

Unten links: Der Große Eisvogel ist ein Schmetterling, dessen Raupen auf Pappelarten angewiesen sind, Zitterpappeln zum Beispiel.

Unten rechts: Der Osterluzeifalter lebt in sonnigen und trockenen Gebieten wie Karstlandschaften, an Weinbergen oder Flussufern.

Oben links: Der Totenkopfschwärmer hat seinen Namen von der an einen Totenkopf erinnernden Zeichnung auf dem Thorax. Früher wurde er deshalb mit Unheil in Verbindung gebracht.

Oben rechts: Die Bläulinge gehören in die gleichnamige Schmetterlingsfamilie, die mehrere Tausend Arten umfasst. Viele der in Europa vorkommenden Arten sind blau oder violett gefärbt.

Rechte Seite: Der prächtige Schwalbenschwanz gehört zu den schönsten Tagfaltern Europas. Mit einer Spannweite von bis zu acht Zentimetern ist er auch einer der größten mitteleuropäischen Schmetterlinge.

werden. Unspezifischer in ihrer Nahrungswahl sind die Raupen von Tagpfauenauge, Kleinem Fuchs, Admiral oder Landkärtchen: Sie fressen von Brennnesseln, Disteln und anderen Wildpflanzen.

Da Schmetterlinge sehr empfindlich sind und schnell auf veränderte Umweltbedingungen reagieren, eignen sie sich hervorragend als sogenannte Zeigerarten („Bioindikatoren“). Gerade Tagfalter, die aufgrund ihrer Farbenpracht leichter zu bestimmen sind als Nachtfalter, dienen Wissenschaftlern und Naturschützern als eine Art Frühwarnsystem. Wo sie verschwinden, da kann es bald auch anderen Arten an den Kragen gehen. Umgekehrt, so der NABU, schützt man durch den Erhalt von Tagfalter-Biotopen rund 10 000 weitere Insektenarten. Doch mehr als 60 Prozent der heimischen Tagfalter sind gefährdet und stehen auf der Roten Liste, warnen NABU und BUND gleichermaßen. «Ursachen sind der Verlust ihrer Lebensräume, Umweltgifte, Monokulturen in Land- und Forstwirtschaft sowie der Klimawandel. Durch die Ausbreitung der Gentechnik im Agrarbereich könnten viele Arten bald ganz verschwinden.»

Einige Schmetterlinge sind für ihre weiten Wanderungen berühmt, zum Beispiel der Monarchfalter in Nordamerika. In Europa gibt es Arten, die wie Zugvögel gen Süden ziehen, etwa der Admiral und der Distelfalter, die jedes Jahr die Alpen überqueren. Auch das nachtaktive Taubenschwänzchen gehört zu den Wanderfaltern, die mehrere Tausend Kilometer zurücklegen können. Bei so zerbrechlichen Wesen ist das eine kaum vorstellbare Leistung – was zeigt, dass zart und zäh einander nicht ausschließen müssen.

SÜDOSTEN
AKROBATEN IM HOCHGEBIRGE

Bei einer Bergwanderung in den Alpen, als ich gedankenverloren einen Schritt vor den anderen setze, höre ich plötzlich einen durchdringenden Pfiff. Erstaunt blicke ich mich um. Da ist niemand. Wieder pfeift es. Der Alm-Öhi? Noch ein Pfiff. Ich lasse meinen Blick über den graubraunen Schotter schweifen. Da bewegt sich etwas… Ein Murmeltier! Weiter hinten noch eines. Erst in der Bewegung fallen die pummeligen Tiere auf. Als ich mich ein wenig an ihren graubraunen Tarnpelz gewöhnt habe, entdecke ich immer mehr der in Kolonien lebenden Nagetiere. Einige stehen aufgerichtet auf den Hinterpfoten, um die Lage zu peilen. Sie verständigen sich mittels Pfeiflauten. Fast wirken sie wie eine verfressene Variante der in Afrika lebenden Erdmännchen, mit denen sie aber nicht verwandt sind. Je nach Saison schwankt die Figur eines Murmeltiers zwischen birnenförmig und kartoffelsackartig, was nichts anderes als eine optimale Anpassung an die harschen Bedingungen in ihrem Lebensraum ist. Im Sommer muss sich das „Murmele", wie man es in Bayern auch nennt, ausreichend Fettreserven für den etwa sechs Monate dauernden Winterschlaf anfuttern. Dabei frisst es überwiegend Kräuter und Gräser, die es auf Bergwiesen und Geröllfeldern findet.

Das Murmeltier bevorzugt Höhen zwischen 800 und 3000 Metern, an arktische Kälte ist es besser angepasst als an Hitze. Die heiße Phase des Sommers verbringt es deshalb in seinem Bau, obwohl es tagaktiv ist. Den Bau gräbt es mit seinen kräftigen Pfoten viele Meter weit in den Berghang hinein. Murmeltiere leben in Familienverbänden, die sich zu losen Kolonien zusammentun. Sie wechseln zwischen Sommerbauen, die sie vor allem vor Räubern schützen sollen, und Winterbauen für den Winterschlaf. Ihr unterirdisches Gangsystem besitzt Fluchtwege und abgeschiedene „stille Örtchen" für die Notdurft. Während die Murmeltiere Winterschlaf halten, fällt ihre Körpertemperatur von 37 Grad auf nur fünf bis sieben Grad. Atmung und Herzfrequenz sinken ebenfalls, wodurch der Energieverbrauch drastisch abnimmt. Die aneinandergekuschelten Tiere wachen nur ein- bis zweimal im Monat auf, um „auf Toilette" zu gehen; danach schlafen sie sofort weiter. Im Frühling erwachen sie schließlich erschlankt und verlassen den Winterbau mit birnenförmigem Körper, um sich aufs Neue am frischen Grün der Bergwiesen zu laben. Zum Schutz vor Räubern wie dem Steinadler oder dem Kolkraben warnen sie sich gegenseitig durch Pfiffe.

Den Steinadler müssen sie nur in wenigen Gebieten fürchten, da er in Deutschland selten geworden ist. Im Nationalpark Berchtesgaden freut man sich deshalb über die Rückkehr des majestätischen Greifvogels, der mit ausgebreiteten Flügeln bis zu zwei Meter Spannweite erreicht. Er war hier bereits ausgestorben. Nun kreist er wieder über den Bergtälern oder geht an den Steilhängen im Gleitflug auf die Jagd. Als Nahrungsopportunist fängt er, was seine sprichwörtlichen Adleraugen aus der Luft entdecken und was seine Krallen ergreifen können: Gamskitz, Birkhuhn, Schneehase, Fuchs. Im Allgäu hat er eher Murmeltiere im Visier, da sie dort häufig vorkommen. Wenn allerdings viele Menschen unterwegs sind, hält er sich mit der Murmele-Jagd zurück. Um die beeindruckenden Vögel mit dem dunkelbraunen Gefieder zu beobachten, ohne sie zu stören, werden nicht nur im Nationalpark, sondern auch an anderen Orten in Bayern geführte Wanderungen durch verschiedene Steinadler-Reviere angeboten.

Im Nationalpark Berchtesgaden kann man eine herrliche Hochgebirgslandschaft durchwandern, an die sich viele Pflanzen und Tiere angepasst haben. 1978 gegründet, ist er der einzige Park dieser Schutzkategorie im deutschen Teil der Alpen. Seine Wahrzeichen sind der rund 600 Meter hoch gelegene Königssee und der 2713 Meter hohe Watzmann – schon in vergangenen Jahrhunderten beliebte Ausflugsziele und Motive für zahlreiche Künstler, die sie in Öl auf die Leinwand bannten. Vor der Erfindung des Fotoapparats waren solche Werke eine verbreitete Wohnzimmerdekoration. Bei meiner Großmutter hing einer dieser „Schinken" über dem Sofa, ein großes Ölgemälde vom Watzmann. Ich weiß nicht, wie viele Stunden meiner Kindheit ich – eigentlich zum Mittagsschlaf verdammt – unter diesem Bild damit verbrachte, in die düstere Gewitterstimmung zu starren, dessen ein-

„Flink wie eine Gämse" ist diese Gipfelstürmerin im Wortsinn. Die spreizbaren Hufe geben ihr Halt.

Folgende Seiten: Nun kreist er wieder majestätisch am Himmel – der Steinadler ist zurück in den bayerischen Alpen.

Einem Adlerauge entgeht selbst aus großer Höhe kaum etwas. Der Steinadler erbeutet regelmäßig auch Tiere, die deutlich schwerer sind als er selbst – Gamskitz, Fuchs und Murmeltier zum Beispiel.

Der Steinadler hat ein braunes Gefieder mit goldfarbener Tönung, weshalb er im Englischen „Golden Eagle" heißt.

Große, störungsarme Wälder sind ein idealer Lebensraum für das Auerhuhn.

Rechte Seite: Während der Balz spreizt der Auerhahn sein Schwanzgefieder, als wäre es ein prächtiger Fächer, und beginnt zu trillern, um Weibchen anzulocken.

ziger Lichtblick der im Schnee leuchtende Zackenkamm des Gebirgsstocks war. Es hat mich tief beeindruckt.

Der südöstlichste Zipfel Deutschlands, der wie ein Wurmfortsatz nach Österreich hineinragt, blieb lange Zeit sich selbst überlassen. Dass die sogenannte Zivilisation ihn weitgehend verschonte, war für die Natur ein Segen. Bis heute werden Almen auf traditionelle Weise beweidet, um die Landschaft für Bergwiesen offenzuhalten. Auf ihnen blühen seltene Pflanzen wie der Frühlings-Enzian, die Türkenbundlilie, die Wilde Akelei und der Frauenschuh. Mit großer Wahrscheinlichkeit trifft man hier auch auf ein paar Gämsen, deren Lebensraum von tiefergelegenen Wäldern mit Unterholz über lichte Bergwälder, Bergwiesen und Krummholzzonen bis in die Felsregionen reicht.

Gämsen gehören zur Familie der Hornträger, ebenso wie der Alpensteinbock, der im Hochgebirge zu Hause ist. Im Berchtesgadener Land siedelte man ihn in den 30er-Jahren für die Jagd an. Die Männchen tragen sichelförmig nach hinten gebogene Hörner, die einen Meter lang werden können. Eine schöne Zier, aber auch eine schwere Last, wenn man bedenkt, dass ein einzelnes Horn bis zu 15 Kilogramm wiegen kann – und das bei einem Körpergewicht von mehr als 100 Kilogramm beim Bock, der damit fast doppelt so schwer ist wie die Geiß, das Weibchen.

Der Alpensteinbock bevorzugt steile und felsige Hänge, an denen er sich trotz seines Gewichts mühelos auf und ab bewegt – beinahe so, als wäre die Schwerkraft für ihn außer Kraft gesetzt. Seine spreizbaren Hufe geben ihm Halt. Er liebt die Höhenlagen zwischen der Wald- und der Eisgrenze. Außerhalb Deutschlands kraxeln die Tiere sogar bis auf eine Höhe von 3500 Metern. Der Steinbock ist tagaktiv und ernährt sich von Kräutern, Knospen, Trieben, Moosen und Flechten. Im Winter muss er mit Gras vorliebnehmen; dann erweist sich die Körpermasse als Kälteschutz. Der Winter ist auch die Zeit der Paarung: Aus ehemals friedlichen Böcken werden erbitterte Rivalen, die sich im Zweikampf auf die Hinterbeine stellen und ihre Hornsäbel gegeneinanderkrachen lassen. Die Geißen bringen meist im Juni ein Junges zur Welt, selten zwei. Innerhalb von nur wenigen Stunden rappelt es sich hoch und folgt der Mutter durch die unwegsame Bergwelt. Bis zum Herbst wird es gesäugt und wächst in einer Herde von 10 bis 20 Geißen und Jungen auf. Jugendliche Böcke bilden lockere Junggesellenverbände, nur die alten Böcke ziehen allein umher.

Vor langer Zeit wurden den Steinböcken magische Kräfte nachgesagt. Nicht nur das Horn, auch Haare, Blut und andere Körperteile dienten Apothekern als Basis für ihre Mittelchen, die viel Geld einbrachten. Daher wurden die Tiere bis an den Rand der Ausrottung bejagt. In den Allgäuer Alpen waren sie schon ab dem 17. Jahrhundert verschwunden. Mitte des 19. Jahrhunderts gab es nur noch 50 bis 100 Tiere, die im Aostatal lebten, am Gran Paradiso, einem der Viertausender der Alpen. Sie waren die Letzten ihrer Art, so wie die Wisente im polnischen Białowieża und die Bisons im amerikanischen

Mit seinem dichten Pelz ist das Alpenmurmeltier gut an Kälte angepasst. Es kann bis zu 60 Zentimeter groß werden, dazu kommt der Schwanz – für ein Nagetier ist das beachtlich.

Folgende Seiten: Alpensteinböcke klettern nun auch wieder im deutschen Teil der Alpen umher. Nur die Böcke besitzen das imposante gebogene Gehörn, das bis zu einem Meter lang sein kann.

Man wird einem Luchs in freier Wildbahn nur schwer in die bernsteinfarbenen Augen sehen können. Luchse sind nachtaktiv und weichen dem Menschen aus.

Vorige Seiten: Zwei Luchsjunge spielen Fangen. Die Jungen bleiben etwa ein Jahr lang bei ihrer Mutter. Im Nationalpark Bayerischer Wald kann man die Tiere in einem Freigehege beobachten.

Die Pinselohren sind charakteristisch für den Luchs – die bis zu fünf Zentimeter langen Haarpinsel erlauben ihm die Jagd in der Nacht. Die Beute von Europas größter Katze hängt vom Lebensraum ab: Im Bayerischen Wald sind es Rehe, Rothirschkälber und Hasen, in den Alpen auch Gämsen.

Yellowstone-Gebiet. Nur durch den beherzten Einsatz von Naturkundlern und Künstlern konnten diese Arten gerettet werden. Mit dem Yellowstone wurde 1872 der erste Nationalpark der Welt gegründet,1922 folgte der Gran Paradiso als einer der ersten Nationalparks in Europa. Einige Steinböcke von dort wurden in den 60er-Jahren im Allgäuer Kleinwalsertal ausgesetzt.

In den folgenden fünf Jahrzehnten hat sich das Wappentier des Kleinwalsertals so gut vermehrt, dass Wanderer es jetzt mit etwas Glück beobachten können. Noch vor wenigen Jahren war es selbst mit dem Fernglas schwierig, ein paar der Tiere in höhergelegenen Felsregionen zu entdecken. Heute dagegen kann es passieren, dass ein Alpensteinbock mitten auf dem Wanderweg stehenbleibt, um die Sonne zu genießen. Man sollte ihm und seinesgleichen trotzdem nicht zu nahe kommen – schon gar nicht mit einem Hund. «Sonst kann es sein, dass sie in höhere Felsregionen flüchten und mit Absicht Steine lostreten, um Verfolger abzuschrecken», erklärt der Biologe Hennig Werth, der das Naturschutzgebiet der Allgäuer Hochalpen betreut.

Nicht nur in den bayerischen Hochalpen findet man wieder viele wilde Tiere, auch im Bayerischen Wald. Dieses Mittelgebirge zeichnet sich landschaftlich durch sanft ansteigende Hänge, lang gezogene Bergkuppen und plateauartige Hochflächen aus. Der Nationalpark Bayerischer Wald, 1970 als erster deutscher Nationalpark gegründet, umfasst zusammen mit dem auf der tschechischen Seite angrenzenden Böhmerwald (Šumava-Nationalpark) ein sehr altes Gebirge im Zentrum Europas. Es besteht aus den Urgesteinen Gneis und Granit, auf denen Bergmischwälder und Hochlagen-Fichtenwald gedeihen.

Mehr als 7300 Tier- und Pflanzenarten haben Wissenschaftler hier schon bestimmt. Schätzungsweise doppelt so viele Arten sind im Nationalpark heimisch, darunter auch solche, die es nirgendwo sonst auf der Welt gibt. Ein 44 Meter hoch gelegener Baumwipfelpfad führt durch das Blätterdach. Von oben genießt man einen fantastischen Blick auf die Gipfel von Lusen und Rachel. Und am Rand des Nationalparks können Besucher jene Tiere sehen, die im Waldgebirge zu Hause sind – in einem rund 250 Hektar großen Freigelände: Uhu, Kauz und Auerhuhn beispielsweise, Otter und Braunbär. Wisente und Wildkatzen haben sich in der Region wieder angesiedelt; die Wildkatze war im bayerisch-böhmischen Grenzgebirge vor 150 Jahren ausgerottet worden. Das Auerhuhn ist das größte Huhn in Europa, der Auerhahn kann bis zu einem Meter groß werden. Trotzdem ist es schwierig, die scheuen Vögel zu Gesicht zu bekommen: Sie leben zurückgezogen im Wald und reagieren sehr empfindlich auf Störungen.

Während der Paarungszeit wird der Wald zur Bühne für ein bizarr anmutendes Balzspektakel. Dafür sucht sich der Auerhahn einen Baum, der gut einsehbar ist, etwa an einer Lichtung oder am Waldrand. Zum Schauplatz seiner Darbietungen wählt er einen kräftigen Ast; falls nötig, zupft er kleinere Äste und Blattbüschel weg, damit diese ihn nicht verdecken. Anschließend

Die Waldohreule kommt in Mitteleuropa häufig vor. Auf Bäumen ruht sie sich aus oder brütet, zum Jagen bevorzugt sie offene Kulturlandschaften mit niedrigem Pflanzenwuchs, die an Wälder grenzen.

Folgende Seiten: Ein Heupferd auf einer Kamillenblüte. Die kleinen grünen Hüpfer ernähren sich zwar auch von Pflanzen, überwiegend aber von Insekten.

Oben: Im weichen Uferschlamm sind Biberspuren gut zu erkennen. Die Tiere haben Schwimmhäute zwischen den Zehen.

Mitte: Biber leben in Familienverbänden, die aus den Eltern und den Jungtieren der letzten beiden Jahre bestehen.

Unten: Mit seinen stets nachwachsenden Nagezähnen bringt der Biber Bäume zu Fall, die er für den Bau von Dämmen und Burgen verwendet.

Vorige Seiten: Biber sind perfekt an das Leben im und am Wasser angepasst. Ihr Fell ist außerordentlich dicht und schützt vor Auskühlung; ihr Schwanz, die sogenannte Kelle, dient ihnen als Steuer beim Tauchen und zur Temperaturregulation.

Biber ernähren sich rein vegetarisch. Von Frühjahr bis Herbst fressen sie Gräser, Kräuter, Wasserpflanzen und frische Triebe. Im Winter sind sie vor allem auf die Rinde von Zweigen angewiesen.

breitet er die Schwanzfedern zu einem prächtigen Fächer aus, schlägt mit dem Schnabel, reckt den Kopf in die Höhe und beginnt zu trillern – eine Art Minnesang, der die gut getarnten Auerhennen aus ihren Verstecken locken und zur Paarung animieren soll.

In einem kleineren Freigehege des Nationalparks Bayerischer Wald kann man Wolf und Luchs beobachten. Zehn der wild lebenden Luchse wurden besendert, darunter Luchsweibchen Tessa, dessen Leben von der regionalen Presse in einer Kolumne mit dem Titel „Luchstagebuch" begleitet wurde. Im März 2012 verstummte Tessas Signal plötzlich. Ein Suchtrupp fand die Luchskatze tot im Wald, den Leib stark aufgedunsen. Sie hatte von einem vergifteten Rehbock gefressen, der offensichtlich als Köder ausgelegt worden war. Die Analyse beider Tierkadaver ergab, dass jemand das Reh mit dem Insektizid Carbofuran präpariert hatte, ein schon in geringen Dosen tödliches Nervengift, das in Deutschland seit 2007 verboten ist. Dieses Gift befand sich auch im Magen der Luchsin. Das vergiftete Reh lag nur 200 Meter vom nächsten Wohnhaus entfernt.

Gemeinsam mit Naturschutzverbänden und der Nationalparkverwaltung verurteilte auch der Bayerische Jagdverband «die illegale Tötung aufs Schärfste» und bedauert: «Die Luchsin ist eines von nur fünf führenden Muttertieren, die 2011/2012 in Bayern festgestellt werden konnten. Ihr Tod stellt einen schweren Schlag für die Artenschutzbemühungen dar.» Das Jungtier, das möglicherweise gerade selbstständig wurde, hat zumindest die Chance, alleine durchzukommen. «Wir können nicht ausschließen, dass ein Jäger einen Luchs wildert», sagt Eric Imm von der Wildland Stiftung des Jagdverbands. Er gehört nach eigenem Bekunden zu den Jägern, die sich freuen, dass ein so schönes Tier wieder durch die Wälder streift. Andere sehen darin nur eine unliebsame Konkurrenz um Rehe. Die Mehrheit der Jäger habe sich wohl mit dem Luchs arrangiert, aber es reiche einer, «der den Finger krumm macht». Einen vergifteten Köder auszulegen, mit all den Gefahren, die das auch für andere Tiere und den Menschen bedeute, findet Imm «doppelt und dreifach hinterhältig und kriminell».

Trotz solcher Rückschläge ist es ein gutes Zeichen, dass der Luchs über den Böhmerwald in den Bayerischen Wald zurückgekehrt ist, wenngleich er das einzige größere Raubtier ist, das in Bayern wieder Fuß gefasst hat. Vereinzelt wandert ein Wolf oder ein Braunbär („Bruno") in das südlichste Bundesland ein, was für diese Tiere bekanntlich tödlich enden kann. Da aber die Zahl der Wölfe in Ostdeutschland und in den südlichen Alpen zunimmt, wird es im Freistaat ebenfalls wohl bald weitere Einwanderer geben. Das gilt auch für Braunbären, deren Zahl im italienischen Trentino steigt. Vor allem junge Männchen legen auf der Suche nach einem eigenen Revier oft weite Strecken zurück. Und so stellt die Bayerische Landesanstalt für Landwirtschaft nüchtern fest: «Mit dem Auftauchen von Wolf und Bär muss jederzeit gerechnet werden.»

Der Schneefink lebt in Bergregionen und errichtet sein Nest in Felsspalten. Beide Eltern sorgen für ihre Jungen und bringen Futter herbei.

Folgende Seiten: Der Gänsesäger brütet in Nordeuropa. Er hat einen sägeartig gezähnten Schnabel mit einem gebogenen Haken an der Spitze. Damit kann er seine Lieblingsspeise Fisch gut festhalten.

Seiten 234/235: Abendstimmung im Winter. Die untergehende Sonne taucht die Hügel des Alpenvorlandes in orangerotes Licht.

REGISTER

A

Adler 180
  Fischadler 60, 74
  Schreiadler 74
  Seeadler 16, 18, 30–33, 38, 42, 60, 74, 96
  Steinadler 206, 208–211
Alpenbock 186–187, 188
Alpenmolch (Bergmolch) 191–193
Alpenmurmeltier 205–206, 210, 214–215
Alpensteinbock 214, 216–217, 222
Alpenstrandläufer 38
Ameisenjungfer 201
Auerhuhn 172, 212–213, 222, 230
Austernfischer 27, 30, 38

B

Basstölpel 45, 48–49
Baumpieper 126
Bergfink 166, 172–173
Beutelmeise 18–19
Biber 60, 148, 226–229
Bienenfresser 183
Birkhuhn 206
Blässgans 126, 128–129, 151, 154–155
Braunbär 22, 222, 230
Braunkehlchen 104
Buchfink 166

D

Dachs 104, 110, 126, 132, 134–137
Dorngrasmücke 126
Drosselrohrsänger 182

E

Eichelhäher 166
Eichhörnchen 132–133, 174
Eidechsen
  Östliche Smaragdeidechse 77–79
  Zauneidechse 183–185
Eisvogel 96, 112, 116–117, 183
Erdmännchen 205
Eulen 82–87
  Habichtskauz 82
  Raufußkauz 82, 84–85
  Schleiereule 82, 86–87
  Sperlingskauz 82
  Steinkauz 82
  Sumpfohreule 82
  Uhu 82–84, 86, 110, 166, 172, 180, 222
  Waldkauz 82, 86
  Waldohreule 82, 86
  Zwergohreule 82
Europäische Sumpfschildkröte 58–60

F

Falbkatze 140
Falken 38
  Baumfalke 104
  Turmfalke 166
  Wanderfalke 132, 140–141, 166
Fasan 166
Feldhamster 106
Fischotter 56, 60, 66, 96, 222
Fledermäuse 18, 104, 110, 156–163
  Bechstein-Fledermaus 110, 162
  Braunes Langohr 156, 162–163
  Breitflügelfledermaus 156
  Fransenfledermaus 156
  Großer Abendsegler 156, 162
  Große Hufeisennase 160–161
  Großes Mausohr 110, 158–159
  Kleine Hufeisennase 156–157
  Mückenfledermaus 156
  Teichfledermaus 156
  Wasserfledermaus 156
  Zweifarbfledermaus 162
  Zwergfledermaus 156, 162
Flughund 156
Flussbarsch 151–153
Flussseeschwalbe 96
Frösche
  Grasfrosch 36
  Laubfrosch 4–5, 14, 126–127, 148
  Moorfrosch 60
  Wasserfrosch 38, 40–41
Fuchs 86, 90, 96, 110, 118–123, 126, 148, 180, 206, 210

G

Gämse 166, 206–207, 214, 221
Gänsesäger 230, 232–233
Gartenrotschwanz 126
Gebirgsgrashüpfer 180
Gelbbauchunke (Bergunke) 188–189
Großes Glühwürmchen (Großer Leuchtkäfer) 110–111
Großtrappe 70, 74–75

H

Habicht 106–107, 166
Haselhuhn 166, 172
Hasen
  Feldhase 90, 96–97
  Schneehase 206
Heidelerche 180
Hermelin (Großes Wiesel) 143, 148
Heupferd 222, 224–225
Hirsche
  Damhirsch 38–39, 66, 110
  Reh 66–67, 72, 86, 90, 104, 110, 122, 140, 166, 170–172, 221, 230
  Rothirsch 66, 68–69, 90, 110, 140, 166, 172, 221
  Weißwedelhirsch 172
Höckerschwan 178–180
Hummel 108–110

I

Igel 86, 191
Iltis 38, 45

K

Kohlmeise 145
Kolkrabe 206
Konik 96, 104, 112, 114–115
Kranich 18, 51–52, 54–55, 74, 96
Kreuzotter 96
Kreuzkröte 180

L

Libellen 60
  Gebänderte Prachtlibelle 76
  Herbst-Mosaikjungfer 42–43
  Plattbauchlibelle 180
Libellen-Schmetterlingshaft 201
Luchs 16–18, 172, 180, 218–221, 230

M

Marder 90, 96, 110, 148
  Baummarder 104, 174–177, 180, 188
  Steinmarder 139, 180, 188
Marderhund 60–61
Maulwurf 138
Mäuse
  Feldmaus 86, 148–149
  Gelbhalsmaus 44
  Langschwanzmaus 84
  Wühlmaus 84
Mäusebussard 118
Milane
  Rotmilan 165
  Schwarzmilan 56–57, 165
Mink 96
Moderliesschen 151
Mufflon 98–99

N

Neuntöter 96, 100–101, 126

P

Pfeifente 38, 45, 46–47
Pirol 166–167

R

Raubwürger 104
Reiher
  Graureiher 52–53
  Silberreiher 96
Reitters Strunk-Saftkäfer 104
Ringelnatter 36
Robben
  Kegelrobbe 10–11, 14, 21–23, 26
  Seehund 21
Rohrdommel 96

S

Schaf 126, 172, 180
Schlingnatter 190
Schmetterlinge 196–203
  Admiral 202
  Beilfleck-Blutströpfchen 126
  Bläuling 202
  Distelfalter 202
  Großer Eisvogel 201
  Kaisermantel 198–199
  Kleiner Fuchs 202
  Kleines Nachtpfauenauge 196
  Kupferglucke 200–201
  Landkärtchen 202
  Monarchfalter 202
  Osterluzeifalter 201
  Schachbrettfalter 198
  Schwalbenschwanz 196, 202–203
  Segelfalter 196–197
  Senfweißling 126
  Tagpfauenauge 12–14, 202
  Taubenschwänzchen 201–202
  Totenkopfschwärmer 202
Schnecken
  Strandschnecke 30
  Weinbergschnecke 102–104
Schneefink 230–231
Schwarzkehlchen 104
Schweinswal 30
Seidenschwanz 72–73
Spechte 104
  Dreizehenspecht 172
  Grünspecht 126
  Kleinspecht 126
  Schwarzspecht 84
Sperber 112–113, 166
Spinnen
  Dornfingerspinne 77
  Krabbenspinne 104–105
Steinkrebs 150
Steinschmätzer 180
Störche
  Schwarzstorch 104
  Weißstorch 37, 42, 60, 74, 165–166

T

Teichhuhn 6–7, 14

W

Waschbär 2–3, 14, 90, 96, 110, 112
Wasserralle 96
Wattwurm 27, 30, 38
Wendehals 126
Wiedehopf 96
Wildbienen 126
Wildkatze 104, 110, 140, 144, 146–148, 172, 180, 222
Wildschwein 63, 86, 90, 96, 104, 110, 166
Wolf 8–9, 14, 89–91, 94–96, 110, 148, 172, 230

Z

Ziegenmelker 96
Zweizähnige Dornwanze 130–132

WILDE TIERE IN DEUTSCHLAND
ÜBERSICHTSKARTE

FOTOGRAF UND AUTORIN

Dietmar Nill wurde von der Gesellschaft Deutscher Tierfotografen (GDT) fünfmal zum Naturfotografen des Jahres gekürt. Seine Fotos finden sich in deutschen und internationalen Magazinen. Er publiziert Bildbände und arbeitet als Naturfilmer, unter anderem zu seinem Spezialgebiet Fledermäuse.

Monika Rößiger ist Biologin und Wissenschaftsjournalistin. Ihre Reportagen erscheinen u. a. in *Geo*, *Stern*, *FAS* und *Die Zeit*. Sie ist Mitautorin der Bildbände „Abenteuer Ozean" und „Wildes Deutschland", war Wissenschaftsredakteurin bei *mare* und arbeitet regelmäßig für NATIONAL GEOGRAPHIC DEUTSCHLAND.

IMPRESSUM

Fotos: Dietmar Nill | www.dietmar-nill.de
Texte: Monika Rößiger

Konzept: Alexandra Schlüter
Lektorat: Dr. Sascha Kirchner
Gesamtgestaltung und Bildredaktion: Erdgeschoss Grafik, Esther Gonstalla | www.erdgeschoss-grafik.de
Schlussredaktion: Katharina Harde-Tinnefeld
Herstellung: G+J Druckzentrale, Heiko Belitz (Ltg.), Thomas Oehmke
Litho: Peter Becker GmbH, Würzburg
Druck: Firmengruppe APPL, aprinta Druck, Wemding

Umschlagvorderseite: Seeadler
Umschlagrückseite: Kegelrobbe und Basstölpel (oben), Mufflons und Dachs (Mitte), Herbst-Mosaikjungfer (unten)

Printed in Germany
ISBN 978-3-86690-299-2

FSC www.fsc.org MIX Papier aus verantwortungsvollen Quellen FSC® C004592

Die National Geographic Society, eine der größten gemeinnützigen wissenschaftlichen Vereinigungen der Welt, wurde 1888 gegründet, um «die geographischen Kenntnisse zu mehren und zu verbreiten». Sie unterstützt die Erforschung und Erhaltung von Lebensräumen sowie Forschungs- und Bildungsprogramme. Ihre weltweit mehr als neun Millionen Mitglieder erhalten monatlich das NATIONAL GEOGRAPHIC-Magazin, in dem namhafte Fotografen ihre Bilder veröffentlichen und renommierte Autoren aus nahezu allen Wissensgebieten der Welt berichten.
Ihr Ziel: *inspiring people to care about the planet*, Menschen zu inspirieren, sich für ihren Planeten einzusetzen. Die National Geographic Society informiert nicht nur durch das Magazin, sondern auch durch Bücher, Fernsehprogramme und DVDs. Falls Sie mehr über NATIONAL GEOGRAPHIC wissen wollen, besuchen Sie unsere Website unter www.nationalgeographic.de.